"十三五"高等职业教育专业核心课程规划教材 · 机电大类

Geomagic Studio
逆向工程技术及应用

主编 贾林玲

参编 王尚林 杨海鹏 关月华

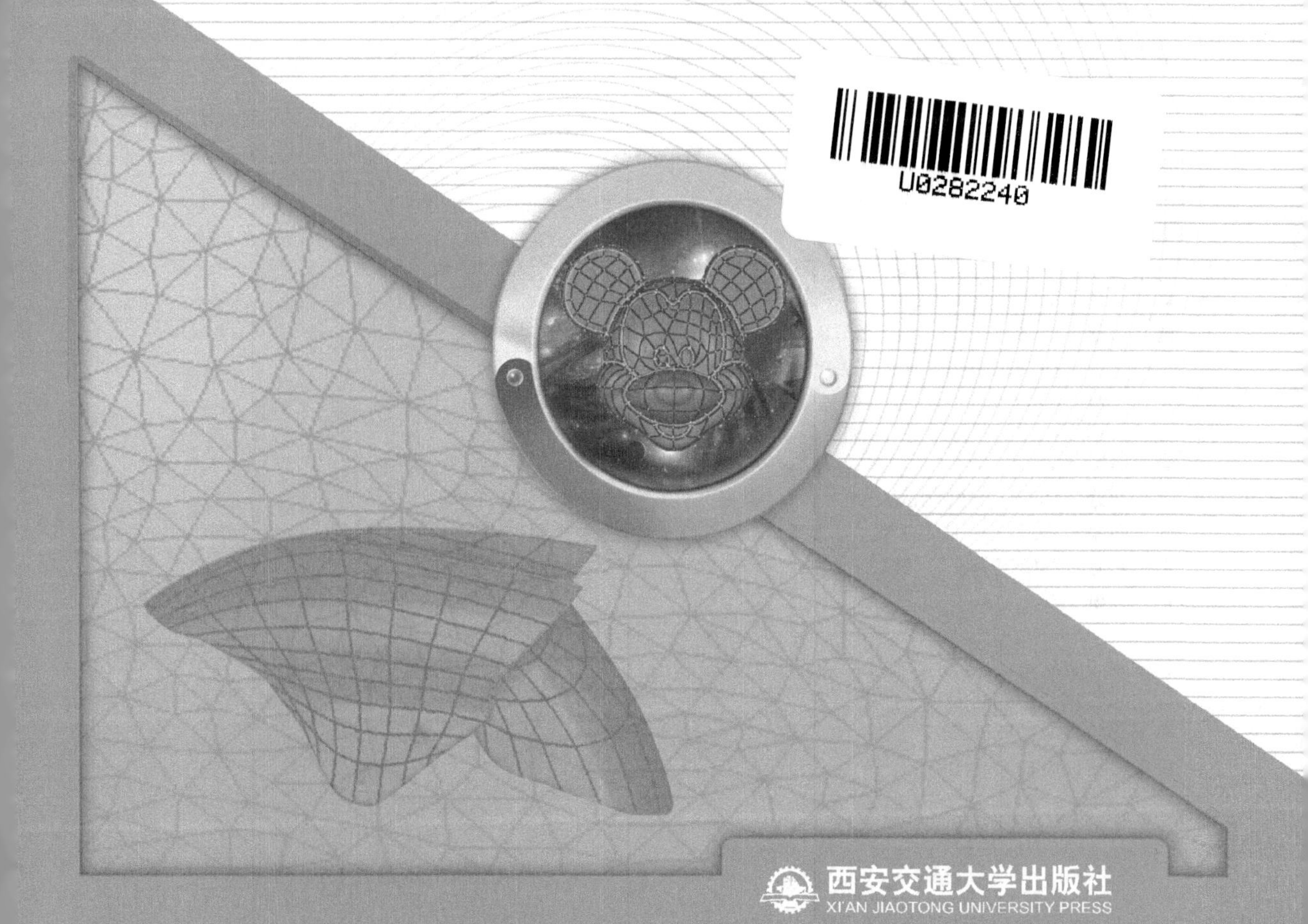

西安交通大学出版社
XI'AN JIAOTONG UNIVERSITY PRESS

内容简介

基于国内各大院校推广逆向工程技术以及培训逆向工程专业人才的需求，我们编写了这本 Geomagic Studio 操作教材。本书针对三维逆向造型的实际需求，围绕 Geomagic Studio 软件的点云、多边形和曲面的生成、编辑及分析等相关内容，介绍了 Geomagic Studio 软件的功能、使用方法及注意事项。每一阶段均配有相应的实例操作来说明其应用思路和应用技巧。以帮助读者快速、直观地掌握相应技术。

本书为校企合作教材，编写遵循高职高专教学特点的设计，采用项目化教学方法，使学生对 Geomagic Studio 逆向设计的方法技巧有一个全面的了解，最大程度培养了学生的学习能力和实践能力。

另外，本书突出逆向工程应用型人才工程素质培养的要求，系统性、实用性较强。不仅可作为大专院校专业课程教材，还可以作为 CAD 技术人员的自学教材和各级培训教材。同时，本书对相关领域的专业工程技术人员和研究人员也具有重要的参考价值。

图书在版编目(CIP)数据

Geomagic Studio 逆向工程技术及应用/贾林玲主编
.—西安：西安交通大学出版社，2016.2(2023.2 重印)
ISBN 978-7-5605-8306-8

Ⅰ.①G… Ⅱ.①贾… Ⅲ.①工业产品-造型设计-计算机辅助设计-应用软件 Ⅳ.①TB472-39

中国版本图书馆 CIP 数据核字(2016)第 032944 号

书　　名 Geomagic Studio 逆向工程技术及应用
主　　编 贾林玲
责任编辑 曹　昳
文字编辑 陈　瑶

出版发行 西安交通大学出版社
(西安市兴庆南路 1 号　邮政编码 710048)
网　　址 http://www.xjtupress.com
电　　话 (029)82668357　82667874(市场营销中心)
(029)82668315(总编办)
传　　真 (029)82668280
印　　刷 西安日报社印务中心

开　　本 787mm×1092mm　1/16　**印张** 8.25　**字数** 254 千字
版次印次 2016 年 3 月第 1 版　2023 年 2 月第 6 次印刷
书　　号 ISBN 978-7-5605-8306-8
定　　价 25.00 元

如发现印装质量问题，请与本社市场营销中心联系。
订购热线：(029)82665248　(029)82667874
投稿热线：(029)82668502
读者信箱：phoe@qq.com

前 言

逆向工程技术目前已广泛应用于产品的复制、仿制、改进以及创新设计,是消化吸收先进技术和缩短产品设计开发周期的重要支撑手段。逆向工程技术除了广泛应用于汽车、摩托车、模具、机械、玩具和家电等传统领域之外,在多媒体、动画、医学、文物与艺术品的仿制和破损零件的修复等方面也表现出其应用价值。

Geomagic Studio 具有强大的逆向建模功能,在我国已得到广泛应用。该软件遵循点阶段—多边形阶段—曲面阶段的三阶段流程,可以轻易地从点云创建出完美的多边形模型,并转换为 NURBS 曲面;同时还提供了多重三维输出格式,方便与多种三维造型软件接口。本书作为国内较早的 Geomagic Studio 的操作教材,结合校企合作应用实例,提供了详细的功能介绍,可以帮助读者快速掌握 Geomagic Studio 软件的操作。

本书共有七章:

第 1 章介绍了逆向工程的概念及主要技术,阐述了逆向工程技术实施的软、硬件条件,逆向工程技术的应用和意义以及发展趋势。

第 2 章概述了逆向工程数据采集系统和三坐标测量机的工作方式,介绍了接触式测量与非接触式测量的优缺点,对两类测量方式进行比较说明,方便用户对设备进行合适的选择。

第 3 章介绍了逆向工程 CAD 建模系统及其分类,对传统曲面造型方式与快速曲面造型方式系统的不同技术特点进行了分析,并介绍了逆向工程曲线曲面的数学基础。同时对 Geomagic Studio 逆向建模基本流程进行总结,归纳了各阶段模块中 Geomagic Studio 的主要功能。

第 4 章概括了 Geomagic Studio 软件中点云阶段的主要功能,并对该阶段的命令进行详细说明。通过两个实例,介绍了点云阶段的编辑操作和点云数据注册合并过程,对该阶段中的处理流程和技巧进行演示。

第 5 章概括了 Geomagic Studio 软件中多边形阶段的主要功能,并对该阶段的命令进行详细说明。通过两个实例,运用多边形阶段的技术命令完成多边形模型处理工作,介绍相关操作技巧和实际经验,对该阶段中的处理流程和技巧进行演示。

第 6 章概括了 Geomagic Studio 软件中精确曲面阶段的主要功能,并对该阶段的命令进行详细说明。通过两个实例,运用精确曲面阶段的命令完成了该阶段模型曲面重构工作,介绍相关操作技巧和实际经验,对该阶段中的处理流程和技巧进行演示。

第 7 章概括了 Geomagic Studio 软件中参数曲面阶段的主要功能,并对该阶段的命令进行详细说明。通过实例,介绍如何通过定义曲面特征类型来拟合生成 CAD 曲面模型,对该阶段中的处理流程和技巧进行演示。

为了方便读者学习,本书提供配套光盘,包含所有案例的数据文件,以帮助读者通过实践快速掌握软件操作。

本书编写遵循高职高专教学特点的设计，采用项目化教学方法，通过引入项目介绍 Geomagic Studio 模块的功能与应用，使学生对 Geomagic Studio 逆向设计的方法技巧有一个全面的了解，最大程度培养学生的学习能力和实践能力。

本书不仅可以作为高职、高专院校的模具设计与制造、计算机辅助设计与制造等专业的课程教材，而且也可作为社会相关领域的专业工程技术人员和研究人员的自学参考教材。

江门职业技术学院的贾林玲编写了本书的第4、5、6、7章，王尚林编写了第3章，杨海鹏编写了第2章，关月华编写了第1章。全书由贾林玲统稿。

本书在编写的过程中，得到了江门市汉正工业产品设计有限公司的大力支持，提供了相关技术资料和产品案例，江门职业技术学院王树勋教授审阅了全部书稿。在此一并致谢。

由于编者水平及经验有限，加之时间紧迫，书中难免存在不足之处，欢迎各位专家、同仁批评指正。

编　者

2016年1月

目　录

第1章　逆向工程简介

学习目标

通过学习，了解逆向工程技术的基本概念及关键技术，了解逆向工程技术实施的软、硬件条件，了解逆向工程技术的应用和意义以及发展趋势。

通过本章的内容，使读者对逆向工程技术建立整体的认识，为后续 Geomagic Studio 软件的学习奠定基础。

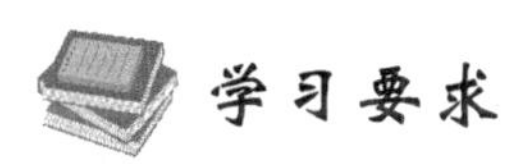

学习要求

能力目标	知识要点
了解逆向工程技术的基本概念	逆向工程、正向工程
了解逆向工程的关键技术	逆向工程测量技术、数据处理技术、曲面重构技术
了解逆向工程技术实施的软、硬件条件	逆向工程技术实施的软、硬件
了解逆向工程技术的应用和意义	逆向工程的应用领域
了解逆向工程的发展趋势	逆向工程的发展趋势

1.1　逆向工程概述

逆向工程也称反求工程，它产生于 20 世纪 80 年代末至 90 年代初。广义上，逆向工程包括影像逆向、软件逆向和实物逆向等三方面。目前，大多数关于逆向工程的研究主要集中在实物的逆向重构上，即产品实物的 CAD 模型重构和最终产品的制造方面，称为“实物逆向工程”。逆向工程是将实物转变成 CAD 模型相关的数字化技术、几何模型重建技术和产品制造技术的总称，是将已有产品或实物模型转化成工程设计模型和概念模型，在此基础上对已有产品进行解剖、深化和再创造的过程。简单地说，逆向工程就是根据已经存在的产品模型，反向推出产品的设计数据的过程。其工作流程如图 1-1 所示：

传统的产品开发过程遵循正向工程(或正向设计)的思维，即从概念设计到图样，再制造出产品。是从未知到已知、从抽象到具体的过程。而逆向工程则是按照产品引进、消化与创新的思路，即根据已有的产品模型，反向推出产品的设计数据，包括设计图纸和数字模型。逆向工程是一个“从有到无”的过程。

实物逆向工程的需求主要有两个方面，一方面，作为研究对象，产品实物是面向消费市场最广、最多的一类设计成果，也是最容易获得的研究对象；另一方面，在产品开发和制造过程

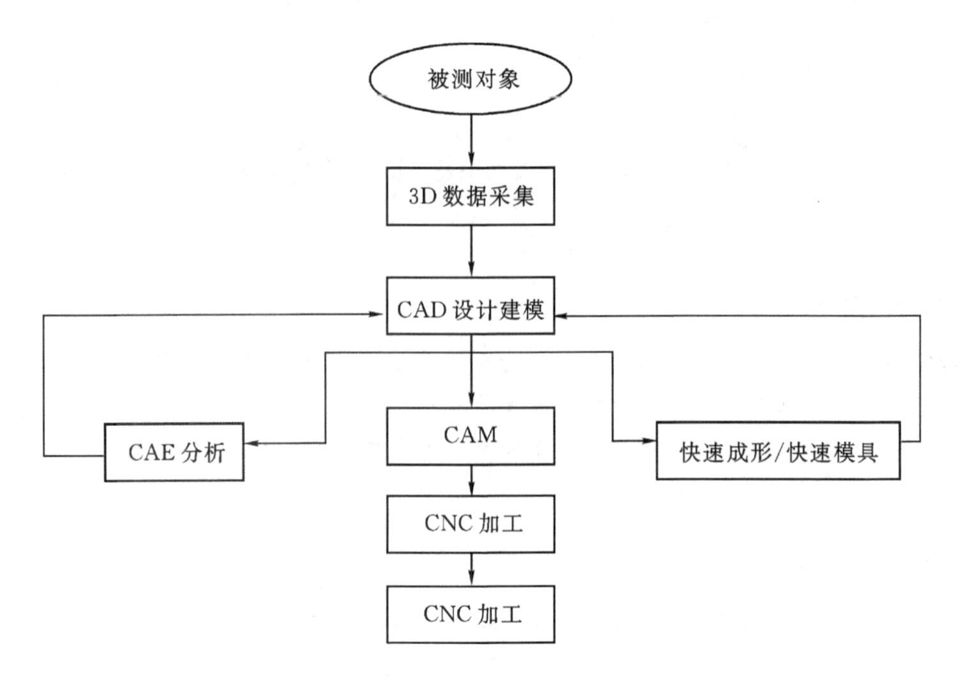

图 1-1　逆向工程流程图

中，虽已广泛使用了计算机几何造型技术，但是仍有许多产品，由于种种原因，最初并不是由计算机辅助设计模型描述的，设计和制造者面对的是实物样件。为了适应先进制造技术的发展，需要通过一定途径将实物样件转化为 CAD 模型，再通过利用计算机辅助制造 CAM、快速成型制造 RPM、快速模具 RT、产品数据管理 PDM 及计算机集成制造系统 CIMS 等先进技术对其进行处理或管理。同时，随着现代测试技术的发展，快速、精确地获取实物的几何信息已变为现实。

逆向工程改变了传统从图纸到实物的设计模式，为产品的快速开发提供了一条新途径，已广泛应用于机械、航空、汽车、医疗和艺术等领域。

1.2　逆向工程的关键技术

逆向工程技术的流程为：对实物样件进行坐标数据采集，得到表面几何数据，然后进行数据预处理；再进行曲面拟合，最后导入 CAD 系统进行产品模型重构。逆向工程有如下几项主要技术。

1. 逆向工程测量技术

零件的数字化是通过特定的测量设备和测量方法获取零件表面离散点的几何坐标数据，在此基础上进行复杂曲面的建模、评价、改进和制造。作为逆向工程的第一步，如何高效、高精度地获得实物表面数据是逆向工程实现的基础和关键技术之一。现有的数据采集方法主要分为接触式、非接触式和破坏式三大类，其中具代表性的数据采集设备有三坐标测量机、光学扫描仪和断层扫描仪等。

2. 数据处理技术

CAD 模型重建之前应进行数据预处理，目的是获得完整、准确的测量数据以方便以后的造型工作。其主要的处理工作包括数据格式的转换、数据平滑及过滤、数据精简、数据分割、多次测量数据及图像的数据定位对齐和对称零件的对称基准重建。

1)数据格式的转换

每个 CAD/CAM 系统都有自己的数据格式,目前流行的 CAD/CAM 软件的产品数据结构和格式各不相同,不仅影响了设计和制造之间的数据传输和程序衔接,而且直接影响了 CMM 与 CAD/CAM 系统的数据通信。目前通行的办法是利用几种主要的数据交换标准(IGES、STEP 和 DXF 等)来实现数据通信。

2)数据平滑及过滤

数据平滑的目的是消除测量数据的噪声,以得到精确的数据和良好的特征提取效果。目前通常是采用标准高斯、平均或中值滤波算法。

3)数据精简

数据精简主要针对光学测量产生的点云数据。不同类型的“点云”可采取不同的精简方式,如散乱点可选择随机采样、均匀网格和三角网格方法;扫描线和多边形点云可采用等间距缩减、倍率缩减、等量缩减和弦高差等方法;网格化点云可采用等分布密度法和最小包围区域法等。数据平滑和精简存在的问题是有时会丢失有用的数据信息,特别是尖锐角、棱线以及曲率变化大的区域的数据。为了解决这个问题,研究者提出了一种新的算法,其核心是用 Riemann 图建立散乱测点间的邻接关系,在此基础上进行 Riemann 图的最优遍历并计算测点处的最小二乘拟合平面,从而近似计算删除一点引起的误差,可以最大程度的保留有用的数据信息。

4)数据分割

数据分割是指按照原实物所具有的特征,将原始数据点集合理分割成不同的区域(一组子集),各个区域分别拟合出不同的曲面,然后应用曲面求交或曲面间过渡的方法将不同的曲面连接起来构成一个形体。数据分割主要有基于边和基于面两种方法。

5)多视拼合

在逆向工程实际的测量过程中,实物的数字化往往不能在同一坐标系下完成,而在模型重建的时候又必须将这些不同坐标下的数据统一到一个坐标系里,这个数据处理过程就是多视数据定位对齐。

6)对称基准

对称基准是对称产品的一个重要的集合特征,在进行数据扫描时往往难以直接获得,这就需要我们通过对原始数据的处理来得到。根据对称边界及对称特征信息,利用最小二乘原理寻找到一个使特征距离最小的平面即为对称面的方法。

3. 曲面重构技术

产品的三维 CAD 模型重构是指从一个已有的物理模型或实物零件产生出相应的 CAD 模型的过程,包含物体离散测点的网格化、特征提取、表面分片和曲面生成等,是整个 RE 过程中最关键、最复杂的一环,也为后续的工程分析、创新设计和加工制造等应用提供数学模型支持。其内容涉及计算机、图像处理、图形学、计算几何、测量和数控加工等众多交叉学科和工程领域,是国内外学术界,尤其是 CAD/CAM 领域广泛关注的热点和难点问题。

在实际的产品中,只由一张曲面构成的情况不多,产品形面往往由多张曲面混合而成。由于组成曲面类型的不同,因此,CAD 模型重建的一般步骤为:先根据几何特征对点云数据进行分割，然后分别对各个曲面片进行拟合，再通过曲面的过渡、相交、裁剪和倒圆等手段，将多个曲面“缝合”成一个整体，即重建的 CAD 模型。

1.3 逆向工程技术实施的条件

1. 逆向工程技术实施的硬件条件

在逆向设计过程中，需要从设计对象中获取三维数据信息测量机的发展为产品三维信息的获取提供了硬件条件。根据测量探头是否和零件表面接触，逆向工程中物体三维数据的获取方法一般可以分为接触式和非接触式两种。不同的测量方式，不但决定了测量本身的精度、速度和经济性，还造成了测量数据类型及后续处理方式的不同。

不同的测量对象和测量目的，决定了测量过程和测量方法的不同。在实际测量时，应该根据测量对象的特点以及设计工作的要求采用合适的测量方法并选择相应的测量设备。

2. 逆向工程技术实施的软件条件

随着逆向工程及其相关技术理论研究的深入进行，其成果的商业应用也日益受到重视。在专业逆向软件问世之前，CAD 模型的重建依赖于两个方面，一是正向设计的 CAD/CAM 软件，如 UG、Pro/Engineer 等；二是集成有逆向功能模块的正向 CAD/CAM 软件，如 Pro/Engineer 的 SCAN-TOOLS 模块、UG 的 Pointcloudy 功能、CATIA 的 QSR/GSD/DSE 等几个模块。随着市场需求的增长，大量的商业化专用逆向工程软件日益涌现。当前，市场上具有代表性的有 EDS 公司的 Imageware、Geomagic 公司的 GeomagicStudio、Paraform 公司的 Paraform、PTC 公司的 ICEMSurf、DELCAM 公司的 CopyCAD 以及浙江大学开发的 RE-Soft 等。

这些系统的出现极大地方便了逆向工程设计人员，为逆向工程的实施提供了软件支持。

1.4 逆向工程的应用与意义

1. 逆向工程的应用

逆向工程可以迅速、精确地获得实物的三维数据及模型，为产品提供先进的开发、设计及制造的技术支撑。其应用范围包括以下几方面。

(1)在对产品外形的美学有特别要求的领域，为方便评价其美学效果，设计师广泛利用油泥、黏土或木头等材料先制作模型，然后根据模型运用逆向工程技术，可以快速地建立三维 CAD 模型。

(2)当设计需要通过反复修改、或者需要通过实验测试才能定型的零部件(比如航空航天、汽车等领域和模具行业)时，逆向工程可缩短其研发过程。

(3)在没有设计图纸及没有 CAD 模型的情况下，通过对零件原型的测量，形成零件的图纸或 CAD 模型，并以此为依据生成数控加工的 NC 代码或快速原型加工所需的数据，复制一个相同的零件。

(4)应用于修复破损的文物、艺术品或缺乏供应的损坏零件等。此时，不需要对整个零件原型进行复制，而是借助逆向工程技术获取零件原形的设计思想来指导新的设计。

(5)特种服装、头盔的制造要以使用者的身体为原始设计依据，此时，需要先建立人体和头部的几何模型。

(6)对于国外的产品,要对其不适合国内使用处进行修改时,可以通过逆向工程建立三维模型进一步改进。

(7)在医学科技方面,如人体中的骨和关节等的复制、假肢制造、人体外形测量、医疗器材制作等,也有其应用价值。

现代逆向工程技术除广泛应用在上述的汽车工业、航天工业和机械工业等几个传统的应用领域外,也开始应用于休闲娱乐方面,比如用于立体动画、多媒体虚拟实境和广告动画等。

2. 逆向工程的意义

逆向工程作为消化和吸收现有技术的一种先进设计理论,其意义不仅仅是仿制,应该从原型复制走向再设计。以现有产品为原型,对逆向工程所建立的CAD模型进行改进得到新的产品模型,实现产品的创新设计。CAD模型是实现创新设计的基础,还原实物样件的设计意图,注重重建模型的再设计能力是当前逆向工程CAD建模研究的重点。三维重建只是实现产品创新的基础,再设计的思想应始终贯穿于逆向工程的整个过程,将逆向工程的各个环节有机结合起来,集成CAD/CAE/CAM/CAPP/CAT/RP等先进技术,使之成为相互影响和制约的有机整体,从而形成以逆向工程技术为中心的产品开发体系。

我国是最大的发展中国家,消化、吸收国外先进产品技术并进行改进是重要的产品设计手段。逆向工程技术为产品的改进设计提供了方便、快捷的工具,它借助于先进的技术开发手段,在已有产品的基础上设计新产品,缩短开发周期,可以使企业适应小批量、多品种的生产要求,从而使企业在激烈的市场竞争中处于有利的地位。逆向工程技术的应用对我国企业缩短与发达国家的差距具有特别重要的意义。

1.5　逆向工程的发展趋势

逆向工程的发展趋势主要体现在以下几个方面。

(1)数据测量方面:能够高效准确地实现产品几何形状的三维数字化,并能进行路径规划和自动测量。

(2)有效的特征识别和考虑约束的模型重建以及复杂组合曲面的识别和重建方法。如何实现测点的自适应(即曲率大的区域测点密,曲率小的区域测点稀),从而便于后续的数据处理和曲面构建,仍需进一步研究。

(3)数据的预处理方面:针对不同种类的测量数据,开发研究一种通用的数据处理软件,完善改进目前的数据处理算法。

(4)曲面拟合:在准确反映原始曲面信息的同时能够控制曲面的光顺性。

(5)集成技术:发展包括测量技术、模型重建技术、基于网络的协同设计和数字化制造技术等的逆向工程技术。

(6)面向快速原型制造的逆向制造技术:在完成实物的模型优化创新设计后,利用快速原型制造技术来制造原型和模具。一方面为模型的修改和再设计提供实物样品,另一方面,对一些材料制造的零部件,还可以直接制造出产品的模具。

本章小结

本章首先对逆向工程技术的基本概念进行了定义，然后介绍了逆向工程中的关键技术，包括逆向工程测量技术、数据处理技术和曲面重构技术；阐述了逆向工程技术实施的软、硬件条件；最后归纳了逆向工程技术在各行业中的应用和意义以及发展趋势。

第2章　逆向工程数据采集系统

学习目标

通过学习，了解逆向工程数据采集系统的分类以及相应的测量原理，掌握接触式测量与非接触式测量的不同技术特点，了解三坐标测量机的基本情况，了解测量数据的处理技术。

通过本章的内容，使读者了解逆向工程中的数据采集系统，有助于读者根据自身需求和产品特性，选择合适的数据采集设备。

学习要求

能力目标	知识要点
了解逆向工程数据采集系统的基本概念	接触式测量、非接触式测量
掌握接触式测量与非接触式测量技术的特点	接触式测量和非接触式测量的优缺点
了解三坐标测量机	三坐标测量机的工作原理、分类、结构形式和测量控制系统
了解测量数据的处理技术	杂点删除、过滤和采样

2.1　数据采集系统概述

数据采集也称三维数据测量，它是指通过特定的测量设备和测量方法获取产品表面离散点的几何坐标数据，将产品的几何形状数字化。数据采集关系到对零部件描述的精确度和完整度，从而影响重构CAD曲面和实体模型的质量，并最终决定加工出来的产品能否真实反映原始实物。目前市面上常见的数据采集系统有多种形式；如三坐标测量机、便携式关节臂测量机、激光测量系统和结构光测量系统等。其测量原理不同，所能达到的精度、数据采集的效率以及所需投入的成本也各不相同，需根据所设计产品的类型做出相应的选择。

根据测量时探头是否与被测量零件表面接触，目前的测量方法通常分为接触式测量和非接触式测量两大类。其中，接触式测量又可以分为力-变形原理的触发式和连续式，而非接触式测量根据其作用原理不同，可以分为光学式和非光学式两种，前者的工作原理多根据结构光测距法、激光三角形法和激光干涉测量法而来，后者则包括CT测量法、超声波测量法和层析法等类型。逆向工程数据获取方法的分类如图2-1所示。

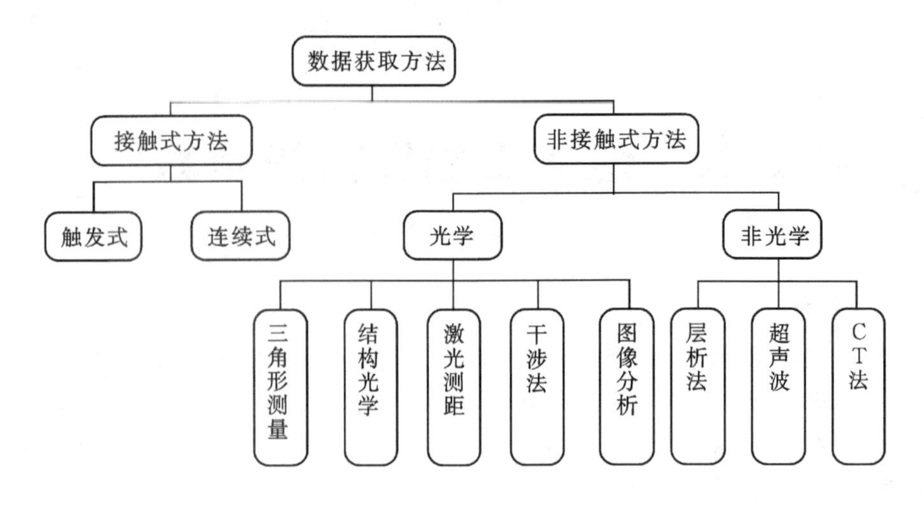

图 2-1 逆向工程数据获取方法的分类

2.2 接触式测量

1. 接触式测量简介

接触式数据采集通常使用三坐标测量机，测量时将被测产品放置于三坐标测量机的测量空间内，可以获得被测产品上各个测量点的坐标位置，根据这些点的空间坐标值，经过计算机数据处理，拟合形成测量元素，经过数学计算的方法得出其形状、位置公差及其他几何量数据。

接触式三坐标测量机的测头属机械式，根据其工作方式的不同又可分为力触发式和扫描式两类。而触发方式则分为手动触发和自动触发两种。手动触发式测头是当测头与被测零件接触后按钮确认采点的方式，而力触发和连续扫描式测头通常都为自动触发测头，不过前者主要是测头与被测零件表面接触达到一定力之后传感器自动触发记录点位置，而后者则在被测量零件表面连续采点。

2. 接触式测量的优缺点

1)接触式测量的优点

(1)精度高，由于该种测量方式已经有几十年的发展历史，技术已经相对成熟，机械结构稳定，因此测量数据准确。

(2)被测量物体表面的颜色、外形对测量均无重要影响，且触发时死角较小，对光强无要求。

(3)可直接测量圆、圆柱、圆锥、圆槽和球等特征，数据可输出到造型软件进行后期处理。

(4)配合检测软件，可直接对一些尺寸和角度及形位公差进行评价。

2)接触式测量的缺点

(1)测量速度较慢，由于采用逐点测量，对于大型零件花费时间较长。

(2)测头与工件接触会有摩擦，需要定期校准测头。

(3)测量时需要有夹具和定位基准，有些特殊零件需要专门设计夹具固定。

(4)需要对测头进行补偿，由于测量时得到的不是接触点的坐标值而是测头球心的坐标值，因此需要通过软件进行补偿，会有一定的误差。

(5)在测量一些橡胶制品、油泥模型之类的产品时，测力会使被测物体表面发生变形，从而产生误差，另外对零件本身也有损害。

(6)测头触发的延迟及惯性，会给测量带来误差。

2.3　非接触式测量

1. 非接触式测量简介

非接触式测量方法克服了接触式测量的一些缺点，在逆向工程领域应用日益广泛。非接触式测量设备是利用某种与物体表面发生互相作用的物理现象，来获取物体表面的三维坐标信息。在非接触式技术中较成熟且应用最广泛的是光学测量法。其中，基于三角形法的激光扫描和基于相位光栅投影的结构光法被认为是目前最成熟的三维形状测量方法。

激光三角形法以激光作为光源，根据光学三角形测量原理，将光源(可分为光点、单光条和多光条等)投射到被测物体表面，并采用光电敏感元件在另一位置接收激光的反射能量，根据光点或光条在物体上成像的偏移，通过被测物体基平面、像点和像距等之间的关系计算物体的深度信息。这种方法测量如果采用线光源，可以达到很高的测量速度，此方法已经成熟。其缺点是对被测表面的粗糙度、漫反射率和倾角过于敏感，限制了测头的使用范围。

基于投影光栅的结构光投影测量法被认为是目前三维形状测量中最好的方法，它的原理是将具有一定模式的光源，如栅状光条投射到物体表面，然后用两个镜头获取不同角度的图像，通过图像处理的方法得到整幅图像上像素的三维坐标。此法的主要优点是对实物的测量范围大、速度快、成本低。缺点是精度低，在陡峭处会发生相位突变，影响精度，适于测量表面起伏不大的较平坦物体。目前，分区测量技术的进步使光栅投影范围不断增大，结构光法测量设备成为现在逆向测量系统领域中使用最广泛且最成熟的系统。

基于非光学方法的工业 CT 是一种射线成像检验技术，它对被测物体进行断层截面扫描，以 X 射线的衰减系数为依据，用数学方法经过电子计算机处理而重建断层截面图像，根据不同位置的断层图像可建立物体的三维信息。

层析法的工作过程为将待测零件用专用树脂材料完全封装，待树脂固化后，进行微进刀量平面铣削，结果得到包含有零件与树脂材料的截面，然后由数控铣床控制工作台移到 CCD 摄像机下，位置传感器向计算机发出信号，计算机收到信号后，触发图像采集系统驱动 CCD 摄像机对当前截面进行采样和量化，从而得到三维离散数字图像。由于封装材料与零件截面存在明显边界，利用滤波、边缘提取、纹理分析和二值化等数字图像处理技术进行边界轮廓提取，就能得到边界轮廓的图像。

2. 非接触式测量的优缺点

1)非接触式测量的优点

(1)无须进行测头半径补偿。

(2)测量速度快，不必逐点测量，测量面积大，数据较为完整。

(3)可以直接测量材质较软以及不适合直接接触测量的物体，如橡胶、纸制品、工艺品和文物等。

2)非接触式测量的缺点

(1)大多数非接触式光学测头都是靠工件表面对光的反射接收数据的,因此对零件表面的反光程度、颜色等有较高要求。

(2)测量精度较低,特别是相对于接触式测头测量数据而言。

(3)对于一些细节位置,如边界、缝隙和曲率变化较大的曲面容易丢失数据。

(4)测量时测头角度与被测物体之间有角度限制,否则会增大测量误差。

(5)易受环境光线及杂散光影响,故噪声较高,噪声信号的处理比较困难。

2.4 三坐标测量机

三坐标测量机(CoordinateMeasuringMachine,CMM)是最早用于现代三维测量技术的机器,由英国 Ferranti 公司于 20 世纪 50 年代研制的。当时的测量方式是测头接触工件后,靠脚踏板来记录当前坐标值,然后使用计算器来计算元素间的位置关系。1964 年,瑞士 SIP 公司开始使用软件来计算两点间的距离,开启了利用软件进行测量数据计算的时代。70 年代初,德国 Zeiss 公司推出了 UMM500 三坐标测量机。使用计算机辅助工件坐标系代替机械对准,从此测量机具备了对工件基本几何元素尺寸、形位公差的检测功能。

随着计算机的飞速发展,测量机技术进入了 CNC 控制机时代,完成了复杂机械零件的测量和空间自由曲线、曲面的测量,测量模式增加和完善了自学习功能,改善了人机界面,使用专门测量语言,提高了测量程序的开发效率。

从 90 年代开始,随着工业制造行业向集成化、柔性化和信息化发展,产品的设计、制造和检测趋向一体化,这就对作为检测设备的三坐标测量机提出了更高的要求,从而提出了第三代测量机的概念。其特点是:

(1)具有与外界设备通信的功能;

(2)具有与 CAD 系统直接对话的标准数据协议格式;

(3)硬件电路趋于集成化,并以计算机扩展卡的形式成为计算机的大型外部设备。

目前,国际上较有影响的三坐标测量机制造厂商主要有意大利 DEA 公司、美国 Brown & Sharpe 公司、英国 ZK 公司以及德国 Zeiss 公司。

三坐标测量机的基本原理是将被测零件放入它允许的测量空间范围内,精确地测出被测零件表面的点在空间三个坐标位置的数值,再将这些点的坐标数值经过计算机处理,拟合形成测量元素,如圆、球、圆柱、圆锥和曲面等,经过数学计算的方法得出其形状、位置公差及其他几何量数据。

2.4.1 三坐标测量机的分类

1. 按 CMM 的技术水平分类

(1)数字显示及打印型:这类 CMM 主要用于几何尺寸测量,可显示并打印出测得点的坐标数据,但要获得所需的几何尺寸形位误差,还需进行人工运算,其技术水平较低,目前已基本被陶汰。

(2)带有计算机进行数据处理型:这类 CMM 技术水平略高,目前应用较多。其测量仍为手动或机动,但用计算机处理测量数据,可完成诸如工件安装倾斜的自动校正计算、坐标变换、孔心距计算和偏差值计算等数据处理工作。

(3)计算机数字控制型:这类CMM技术水平较高,可像数控机床一样,按照编制好的程序自动测量。

2. 按CMM的测量范围分类

(1)小型坐标测量机:这类CMM在其最长一个坐标轴方向(一般为X轴方向)上的测量范围小于500 mm,主要用于小型精密模具、工具和刀具等的测量。

(2)中型坐标测量机:这类CMM在其最长一个坐标轴方向上的测量范围为500~2000 mm,是应用最多的机型,主要用于箱体、模具类的测量,在工业现场得到广泛应用。

(3)大型坐标测量机:这类CMM在其最长一个坐标轴方向上的测量范围大于2000 mm,主要用于汽车与发动机外壳、航空发动机叶片等大型零件的测量。

3. 按CMM的精度分类

(1)精密型CMM:其单轴最大测量不确定度小于$1\times10^{-6}L$(L为最大量程,单位为mm),空间最大测量不确定度小于$(2\sim3)\times10^{-6}L$,一般放在具有恒温条件的计量室内,用于精密测量。

(2)中低精度CMM:低精度CMM的单轴最大测量不确定度大体在$1\times10^{-4}L$左右,空间最大测量不确定度为$(2\sim3)\times10^{-4}L$,中等精度CMM的单轴最大测量不确定度约为$1\times10^{-5}L$,空间最大测量不确定度为$(2\sim3)\times10^{-5}L$。这类CMM一般放在生产车间内,用于生产过程检测。

4. 按CMM的结构形式分类

按照结构形式,CMM可分为移动桥式、固定桥式、龙门式、悬臂式和立柱式等。

2.4.2 三坐标测量机的机械结构

1. 结构形式

三坐标测量机是由三个正交的直线运动轴构成的,这三个坐标轴的相互配置位置(即总体结构形式)对测量机的精度以及对被测工件的适用性影响较大。

1)移动桥式

移动桥式结构是目前应用最广泛的一种结构形式,其结构简单,敞开性好,工件安装在固定工作台上,承载能力强。但这种结构的X向驱动位于桥框一侧,桥框移动时易产生绕Z轴偏摆,而该结构的X向标尺也位于桥框一侧,在Y向存在较大的阿贝臂,这种偏摆会引起较大的阿贝误差,因而该结构主要用于中等精度的中小机型。

2)固定桥式

固定桥式结构,其桥框固定不动,X向标尺和驱动机构可安装在工作台下方中部,阿贝臂及工作台绕Z轴偏摆小,其主要部件的运动稳定性好,运动误差小,适用于高精度测量,但工作台负载能力小,结构敞开性不好,主要用于高精度的中小机型。

3)中心门移动式

中心门移动式结构比较复杂,敞开性一般,兼具移动桥式结构承载能力强和固定桥式结构精度高的优点,适用于高精度、中型尺寸以下机型。

4)龙门式

龙门式结构,它与移动桥式结构的主要区别是它的移动部分只是横梁,移动部分质量小,整个结构刚性好,三个坐标测量范围较大时也可保证测量精度,适用于大机型,缺点是立柱限制了工件装卸，单侧驱动时仍会带来较大的阿贝误差，而双侧驱动方式在技术上较为复杂，只有 Y 向跨距很大、对精度要求较高的大型测量机才采用。

5）悬臂式

悬臂式结构，结构简单，具有很好的敞开性，但当滑架在悬臂上作 Y 向运动时，会使悬臂变形发生变化，故测量精度不高，一般用于测量精度要求不太高的小型测量机。

6）单柱移动式

单柱移动式结构，也称为仪器台式结构，它是在工具显微镜的结构基础上发展起来的。其优点是操作方便、测量精度高，但结构复杂，测量范围小，适用于高精度的小型数控机型。

7）单柱固定式

单柱固定式结构，它是在坐标镗的基础上发展起来的。其结构牢靠、敞开性较好，但工件的重量对工作台运动有影响，同时两维平动工作台行程不可太大，因此仅用于测量精度中等的中小型测量机。

8）横臂立柱式

横臂立柱式结构，也称为水平臂式结构，在汽车工业中有广泛应用。其结构简单、敞开性好，尺寸也可以较大，但因横臂前后伸出时会产生较大变形，故测量精度不高，用于中、大型机型。横臂工作台移动式结构，其敞开性较好，横臂部件质量较小，但工作台承载有限，在两个方向上运动范围较小，适用于中等精度的中小机型。现在有一些便携式坐标测量机，如关节臂式坐标测量机、激光跟踪干涉仪等先进仪器。

2. 工作台

早期三坐标的工作台是由铸铁或铸钢制成，但近年来广泛采用花岗岩来制造工作台，这是因为花岗岩变形小、稳定性好、耐磨损、不生锈，且价格低廉、易于加工。有些测量机装有可升降的工作台，以扩大 Z 轴的测量范围，还有些测量机备有旋转工作台，以扩大测量功能。

3. 导轨

导轨是测量机的导向装置，直接影响测量机的精度，因而要求其具有较高的直线性精度。在三坐标测量机上使用的导轨有滑动导轨、滚动导轨和气浮导轨，但常用的为滑动导轨和气浮导轨，滚动导轨应用较少，因为滚动导轨的耐磨性较差，刚度也较滑动导轨低。在早期的三坐标测量机中，许多机型采用的是滑动导轨。滑动导轨精度高，承载能力强，但摩擦阻力大，易磨损，低速运行时易产生爬行，也不易在高速下运行，有逐步被气浮导轨取代的趋势。目前，多数三坐标测量机已采用空气静压导轨（又称为气浮导轨、气垫导轨），它具有许多优点，如制造简单、精度高、摩擦力极小、工作平稳等。

2.4.3 三坐标测量机的测量系统

三坐标测量机的测量系统由标尺系统和测头系统构成，它们是三坐标测量机的关键组成部分，决定着 CMM 测量精度的高低。

1. 标尺系统

标尺系统是用来度量各轴的坐标数值的，目前三坐标测量机上使用的标尺系统种类很多，它们与在各种机床和仪器上使用的标尺系统大致相同，按其性质可以分为机械式标尺系统（如精密丝杠加微分鼓轮、精密齿条及齿轮和滚动直尺）、光学式标尺系统（如光学读数刻线尺、光学编码器、光栅、激光干涉仪）和电气式标尺系统（如感应同步器、磁栅）。根据对国内外生产

CMM 所使用的标尺系统的统计分析可知，使用最多的是光栅，其次是感应同步器和光学编码器。有些高精度 CMM 的标尺系统采用了激光干涉仪。

2. 测头系统

1）测头

三坐标测量机是用测头来拾取信号的，因而测头的性能直接影响测量精度和测量效率，没有先进的测头就无法充分发挥测量机的功能。在三坐标测量机上使用的测头，按结构原理可分为机械式、光学式和电气式等；而按测量方法又可分为接触式和非接触式两类。

（1）机械接触式测头。机械接触式测头为刚性测头，根据其触测部位的形状，可以分为圆锥形测头、圆柱形测头、球形测头、半圆形测头、点测头和 V 形块测头等。这类测头的形状简单，制造容易，但是测量力的大小取决于操作者的经验和技能，因此测量精度差、效率低。目前除少数手动测量机还采用此种测头外，绝大多数测量机已不再使用这类测头。

（2）电气接触式测头。电气接触式测头目前已为绝大部分坐标测量机所采用，按其工作原理可分为动态测头和静态测头。

①动态测头。测杆安装在芯体上，而芯体则通过三个沿圆周 120°分布的钢球安放在三对触点上，当测杆没有受到测量力时，芯体上的钢球与三对触点均保持接触，当测杆的球状端部与工件接触时，不论受到 X、Y、Z 哪个方向的接触力，至少会引起一个钢球与触点脱离接触，从而引起电路的断开，产生阶跃信号，直接或通过计算机控制采样电路，将沿三个轴方向的坐标数据送至存储器，进行数据处理。

测头是在触测工件表面的运动过程中，瞬间进行测量采样的，故称动态测头，也称触发式测头。动态测头结构简单、成本低，可用于高速测量，但精度稍低，而且动态测头不能以接触状态停留在工件表面，因而只能对工件表面作离散的逐点测量，不能作连续的扫描测量。

②静态测头。静态测头除具备触发式测头的触发采样功能外，还相当于一台超小型三坐标测量机。测头中有三维几何量传感器，在测头与工件表面接触时，在 X、Y、Z 三个方向均有相应的位移量输出，从而驱动伺服系统进行自动调整，使测头停在规定的位移量上，在测头接近静止的状态下采集三维坐标数据，故称为静态测头。静态测头沿工件表面移动时，可始终保持接触状态，进行扫描测量，因而也称为扫描测头。其主要特点是精度高，可以进行连续扫描，但制造技术难度大，采样速度慢，价格昂贵，适合于高精度测量机使用。

③光学测头。在多数情况下，光学测头与被测物体没有机械接触，这种非接触式测量具有一些突出优点，主要体现在：

a. 由于不存在测量力，因而适合于测量各种软的和薄的工件；

b. 由于是非接触测量，可以对工件表面进行快速扫描测量；

c. 多数光学测头具有比较大的量程，这是一般接触式测头难以达到的；

d. 可以探测工件上一般机械测头难以探测到的部位。

近年来，光学测头发展较快，目前在坐标测量机上应用的光学测头的种类也较多，如三角法测头、激光聚集测头、光纤测头、体视式三维测头和接触式光栅测头等。

2）测头附件

为了扩大测头功能、提高测量效率以及探测各种零件的不同部位，常需为测头配置各种附件，如测端、探针、连接器和测头回转附件等。

（1）测端：对于接触式测头，测端是与被测工件表面直接接触的部分。对于不同形状的表面需要采用不同的测端。

①球形测端:是最常用的测端。它具有制造简单、便于从各个方向触测工件表面、接触变形小等优点。

②盘形测端:用于测量狭槽的深度和直径。

③尖锥形测端:用于测量凹槽、凹坑、螺纹底部和其他一些细微部位。

④半球形测端:其直径较大,用于测量粗糙表面。

⑤圆柱形测端:用于测量螺纹外径和薄板。

(2)探针:探针是指可更换的测杆。在有些情况下,为了便于测量,需选用不同的探针。探针对测量能力和测量精度有较大影响,在选用时应注意:

①在满足测量要求的前提下,探针应尽量短些;

②探针直径必须小于测端直径,在不发生干涉的条件下,应尽量选大直径探针;

③在需要长探针时,可选用硬质合金探针,以提高刚度。若需要特别长的探针,可选用质量较轻的陶瓷探针。

(3)连接器:为了将探针连接到测头上、测头连接到回转体上或测量机主轴上,需采用各种连接器。常用的有星形探针连接器、连接轴和星形测头座等。

(4)回转附件:对于有些工件表面的检测,比如一些倾斜表面、整体叶轮叶片表面等,仅用与工作台垂直的探针探测将无法完成要求的测量,这时就需要借助一定的回转附件,使探针或整个测头回转一定角度再进行测量,从而扩大测头的功能。

常用的回转附件测头回转体可以绕水平轴和垂直轴回转,在它的回转机构中有精密的分度机构,其分度原理类似于多齿分度盘。

2.4.4 三坐标测量机的控制系统

1. 控制系统的功能

控制系统是三坐标测量机的关键组成部分之一。其主要功能是:读取空间坐标值,控制测量瞄准系统对测头信号进行实时响应与处理,控制机械系统实现测量所必需的运动,实时监控坐标测量机的状态以保障整个系统的安全性与可靠性等。

2. 控制系统的结构

按自动化程度分类,坐标测量机分为手动型、机动型和 CNC 型。早期的坐标测量机以手动型和机动型为主,其测量是由操作者直接手动或通过操纵杆完成各个点的采样,然后在计算机中进行数据处理。随着计算机技术及数控技术的发展,CNC 型控制系统变得日益普及,它是通过程序来控制坐标测量机自动进给和进行数据采样,同时在计算机中完成数据处理。

1)手动型与机动型控制系统

这类控制系统结构简单,操作方便,价格低廉,在车间中应用较广。这两类坐标测量机的标尺系统通常为光栅,测头一般采用触发式测头。其工作过程是:每当触发式测头接触工件时,测头发出触发信号,通过测头控制接口向 CPU 发出一个中断信号,CPU 则执行相应的中断服务程序,实时地读出计数接口单元的数值,计算出相应的空间长度,形成采样坐标值 X、Y 和 Z,并将其送入采样数据缓冲区,供后续的数据处理使用。

2)CNC 型控制系统

CNC 型控制系统的测量进给是计算机控制的。它可以通过程序对测量机各轴的运动进行控制以及对测量机运行状态进行实时监测，从而实现自动测量。另外，它也可以通过操纵杆进行手工测量。CNC 型控制系统又可分为集中控制与分布控制两类。

(1)集中控制。集中控制系统由一个主 CPU 实现监测与坐标值的采样，完成主计算机命令的接收、解释与执行，状态信息及数据的回送与实时显示，控制命令的键盘输入及安全监测等任务。它的运动控制是由一个独立模块完成的，该模块是一个相对独立的计算机系统，完成单轴的伺服控制、三轴联动以及运动状态的监测。从功能上看，运动控制 CPU 既要完成数字调节器的运算，又要进行插补运算，运算量大，其实时性与测量进给速度取决于 CPU 的速度。

(2)分布式控制。分布式控制系统是指系统中使用多个 CPU，每个 CPU 完成特定的控制，同时这些 CPU 协调工作，共同完成测量任务，因而速度快，提高了控制系统的实时性。另外，分布式控制的特点是多 CPU 并行处理，由于它是单元式的，故维修方便、便于扩充。如要增加一个转台只需在系统中再扩充一个单轴控制单元，并定义它在总线上的地址和增加相应的软件就可以了。

3. 测量进给控制

手动型以外的坐标测量机是通过操纵杆或 CNC 程序对伺服电机进行速度控制，以此来控制测头和测量工作台按设定的轨迹做相对运动，从而实现对工件的测量。三坐标测量机的测量进给与数控机床的加工进给基本相同，但其对运动精度、运动平稳性及响应速度的要求更高。三坐标测量机的运动控制包括单轴伺服控制和多轴联动控制。单轴伺服控制较为简单，各轴的运动控制由各自的单轴伺服控制器完成。但当要求测头在三维空间按预定的轨迹相对于工件运动时，则需要 CPU 控制三轴按一定的算法联动来实现测头的空间运动，这样的控制由上述单轴伺服控制及插补器共同完成。在三坐标测量机控制系统中，插补器由 CPU 程序控制来实现。根据设定的轨迹，CPU 不断地向三轴伺服控制系统提供坐标轴的位置命令，单轴伺服控制系统则不断地跟踪，从而使测头一步一步地从起始点向终点运动。

4. 控制系统的通信

控制系统的通信包括内通信和外通信。内通信是指主计算机与控制系统两者之间相互传送命令、参数、状态与数据等，这些是通过连接主计算机与控制系统的通信总线实现的。外通信则是指当 CMM 作为 FMS 系统或 CIMS 系统中的组成部分时，控制系统与其他设备间的通信。目前用于坐标测量机通信的主要有串行 RS－232 标准与并行 IEEE－488 标准。

2.5　各种测量方式的比较

对于逆向工程常用的测量方法，其主要性能比较见表 2－1。

从表 2－1 中的数据可以看出，各种数据采集方式都有一定的局限性。因此，在设备选择上，必须注意如下几点：

(1)测量设备整体精度是否可以满足要求。

(2)测量速度是否够快，工作效率是否够高。

(3)测量时是否需要借助其他工具如标记点、显影剂的帮助才能测量。

(4)操作的方便性，是否对操作者要求较高。

(5)要考虑投入成本，以及后期维护的成本。

表 2-1 常用测量方法的比较

测量方法	精度	测量速度	材料限制	设备成本	测量范围影响	复杂曲面处理效果
三坐标接触式测量设备	≥±0.6 μm	慢	部分有	较高	大	较差
激光三角法测量设备	≥±5 μm	较快	无	一般	较小	较好
结构光测量设备	≥±15 μm	较快	部分有（需贴标记点）	较高	较小	较好
CT 和超声波测量设备	1 mm	较慢	无	高	一般	一般

(6)是否需要对产品进行破坏才能完成全部数据的测量。

(7)数据输出的格式以及其他后续处理软件的接口是否完整。

必须根据产品的自身特性、精度要求和制造材质等多项因素综合考虑之后，在满足使用要求的基础上对设备进行合适的评估和选择。

2.6 测量数据的处理

无论是哪一种测量方式，在数据采集的过程中都有可能会采到杂点、噪声点甚至是误采集的点数据；而且根据测量的目的不同，最终需要的点数据的数量、点云中的间距均有不同要求；而这些既需要人工的数据筛选，也需要软件的协助操作。

现有一些点云处理软件像 GeomagicStudio、Imageware 和 PolyWorks 等软件均具有点云数据过滤处理功能，其中尤其以 GeomagicStudio 的这一部分功能最为强大。

通常需要对点云数据做如下的预处理，以提高点云质量、降低误差：

(1)无用点的手工删除，这一部分数据主要是误采集到零件之外的点。

(2)体外孤点的删除，主要是脱离于主点云之外的点数据。

(3)噪声点的过滤，包括扫描时零件表面反光带进来的杂点，扫描时零件或者设备轻微振动引起的误差点以及设备本身误差带来的杂点。

(4)数据点采样，根据后续处理对点间距的需求，在保留边界的基础上进行数据采样。

(5)补偿点的产生，在缺少点云数据的部分位置添加新的点数据。

在所有点数据处理过程完毕后，可通过使用处理后的点云与处理前的点云进行比较的方法，来综合考虑上述过程对数据精度产生的影响，以进行相应的修改。

本章小结

本章主要介绍了数据采集系统的分类以及相应的测量原理，并对各种测量设备的优缺点进行了比较。在整个逆向工程处理过程中，数据采集设备的选择至关重要，它决定最终产品的精度和质量。因而，在设备的选择上，必须根据自身需求和产品特性，做出最为合适的选择。

第3章　逆向工程CAD建模系统

学习目标

通过学习，了解逆向工程CAD建模系统及其分类，掌握传统曲面造型方式与快速曲面造型方式系统的不同技术特点，了解逆向工程曲线曲面的数学基础；掌握GeomagicStudio逆向建模基本流程，掌握各阶段模块中GeomagicStudio的主要功能。

掌握GeomagicStudio基础模块命令的基本操作，理解各个技术命令的功能和操作方法，通过实例操作来掌握操作步骤；通过效果图片使读者更加直观和清晰地看到各个操作命令的实际效果，从而使大家更快地掌握GeomagicStudio的基本操作。

学习要求

能力目标	知识要点
了解逆向工程CAD建模系统及其分类	传统曲面造型、快速曲面造型
掌握GeomagicStudio逆向建模的基本流程	基础模块、点处理模块、多边形处理模块、精确曲面模块、参数曲面模块、参数转换模块
学会基础模块操作	界面、鼠标控制、快捷键
通过实例操作过程总结操作技巧	基础模块命令

3.1　逆向工程CAD模型重构概述

在逆向工程中，实物的三维CAD模型重构是整个逆向过程最关键、最复杂的一环。因为后续的产品加工制造、快速成型制造、虚拟制造仿真和产品的再设计等应用都需要CAD模型的支持。

目前，国内外有关逆向工程的研究主要集中在产品几何形状的研究，即实物CAD模型的重构。目前主要有三种曲面重建方法：一是以四边形B-spline或NURBS曲面为基础的曲面构造方法；二是以三角Bezier曲面为基础的曲面构造方法；三是以多面体方式来描述曲面物体的方法。伴随着逆向工程及其相关技术理论研究的深入进行，其成果的商业应用也日益受到重视，涌现出大量的商业化逆向工程CAD建模系统。当前，市场上提供逆向建模功能的软件多达几十种，大致可以分为两类：一是专用的逆向软件，如Imageware、Geomagic、PolyWorks、CopyCAD、ICEM Surf和RE-Soft等；二是提供逆向处理模块的正向CAD/CAE/CAM软件，如PTC的Pro/Scan－Tools模块、UG的Point Cloudy功能等。另一方面，根据当前典型的商用逆向工程CAD建模系统在曲面模型重建方面特点的不同，实现曲面模型重建的方式大致可以分为两类:传统曲面造型方式和快速曲面造型方式。

传统曲面(classical surfacing)造型方式指的是遵从典型的逆向工程流程,即点—线—面及点—面,通过使用 Bezier 和 NURBS 曲面直接由曲线或测量点来创建曲面的一种曲面造型方式。这种方式沿袭了传统正向 CAD 曲面建模的方法,并在点云处理与特征区域分割、特征线的提取与拟合及特征曲面片的创建方面提供了功能多样化的方法,配合建模人员的经验,容易实现高质量的曲面重建。但是,进行曲面重建需要大量建模时间的投入和熟练建模人员的参与。并且,由于基于 NURBS 曲面建模技术在曲面模型几何特征的识别、重建曲面的光顺性和精确度的平衡把握上,对建模人员的建模经验提出了很高的要求,因此,传统曲面造型方式的曲面重建在一定程度上影响了逆向工程的推广和应用。

快速曲面(rapid surfacing)造型方式是通过对点云的网格化处理,建立多面体化表面来实现的。一个完整的网格化处理过程通常包括以下步骤:首先,从点云中重建出三角网格曲面;再对这个三角网格曲面进行分片,得到一系列有四条边界的子网格曲面;然后,对这些子网格逐一参数化;最后,用 NURBS 曲面片拟合每一片子网格曲面,得到保持一定连续性的曲面样条,由此得到用 NURBS 曲面表示的 CAD 模型,并可以用 CAD 软件进行后继处理。快速曲面造型方式的曲面重建方法简单、直观,适于快速计算和实时显示的领域,顺应了当前许多 CAD 造型系统和快速原型制造系统模型多边形表示的需要,已成为目前应用最为广泛的一类方法。然而,该类方法同时也存在计算量大、对计算机硬件设置要求高、所产生的拓扑结构未考虑被测体固有的曲面拓扑结构而可能导致重建曲面与被测曲面拓扑不一致,曲面对点云的快速适配需要使用高阶 NURBS 曲面(而相同的情况下,传统曲面造型方式只需要低阶曲面);面片之间难以实现曲率连续,不能实现高级曲面的创建。

两种方式实现曲面造型的基本流程如图 3-1 所示。

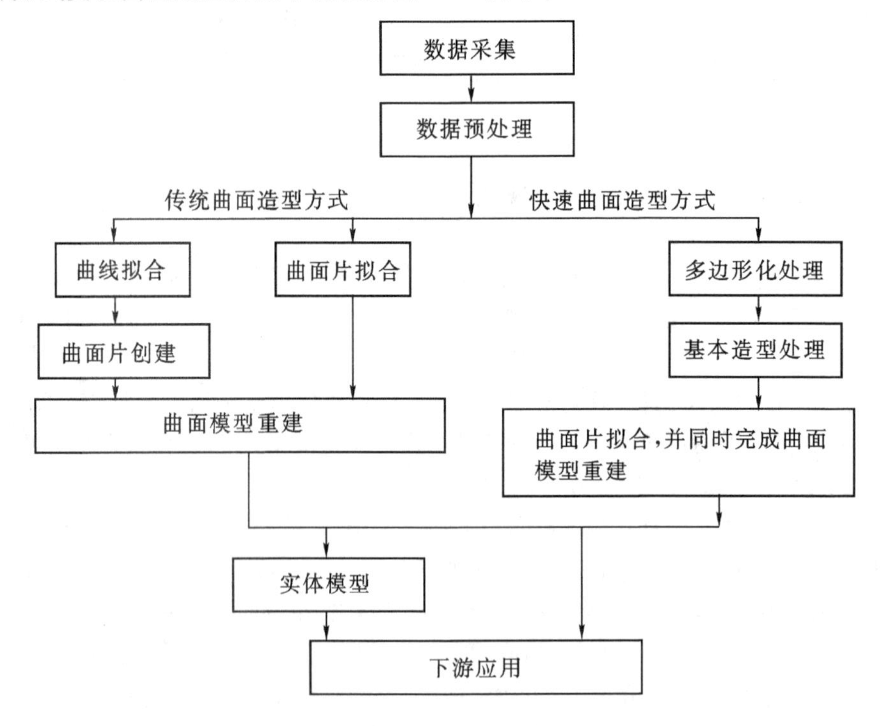

图 3-1 实现曲面造型的基本作业流程

3.2　逆向工程曲线曲面基础

长期以来，参数曲线曲面一直是描述几何形状的主要工具，它起源于飞机、船舶的外形做样工艺，由 Coons、Bezier 等大师于 20 世纪 60 年代奠定其理论基础。1963 年，Ferguson 提出将曲线曲面表示为参数向量函数的形式，在此之前曲线曲面都是采用普通的函数 $y=f(x)$ 和 $z=f(x,y)$ 或它们的隐式方程表示形式。1964 年，Coons 发表了一种由四条边界曲线确定的参数曲面即 Coons 曲面片，从而使分片表示完整曲面成为可能。Bezier 于 1971 年发表的由控制多边形定义曲线的方法，可以很方便地控制曲线的形状，但曲线上任一点都与多边形的所有顶点相关，因此对控制多边形的任何修改都会影响到曲线的整体形状。20 世纪 70 年代初，De Boor、Gordon 和 Riesenfeld 等人发明了 B 样条曲线曲面的理论算法，保留了 Bezier 曲线的大部分优点；另一方面，由于是分段多项式，因此允许局部控制。

上述各种方法尤其是 B 样条方法较为成功地解决了自由曲线曲面形状的描述问题，然而将其应用于圆锥曲线和初等解析曲面时，却是不成功的，每种方法都只能给出近似表示，不能适应大多数工业产品的要求。为此 Versprille 于 1975 年提出有理 B 样条方法。最后在 Pigel 和 Tiller 等人的努力下，终于在 20 世纪 80 年代后期发展起来非均匀有理 B 样条(NURBS)的一整套方法，把有理和非有理 Bezier 曲线、B 样条曲线曲面及圆锥曲线和初等解析曲面统一在一种表示之中。1991 年，国际标准化组织(ISO)颁布的关于工业产品数据交换的 STEP 国际标准，把 NURBS 作为定义工业产品几何形状的唯一数学方法。与此同对，一些著名的商品化 CAD 软件系统纷纷开发和推出 NURBS 功能，目前大多数的商品化 CAD 软件均采用 NURBS 统一表示。而基于参数曲面也是曲面重建中常用的方法。

在进行曲面重建之前，需要对常用曲线曲面重构的基本理论、数学模型及其特性有所了解，以帮助在逆向工程中总结出其特点、相关参数及应用技巧，减少造型时的盲目性，更好地进行曲面重建。

3.2.1　曲线曲面拟合

在正向工程曲面造型中，曲线是构建曲面的基础，而在逆向工程中，曲线拟合造型也是一种常用的模型重建方法。它先将数据点通过插值(interpolation)或逼近(approximation)拟合成样条曲线或参数曲线，再利用曲面造型工具，如扫描(sweep)、混成(blend)、放样(loft)或边界曲线(boundary)等完成曲面片造型，然后通过延伸、裁剪和过渡等曲面编辑，得到完整的曲面模型。然而，通常由曲线通过造型工具进行曲面造型的方法只适合处理数据量不大(如 CMM 测量数据)且数据呈有序排列的情况。曲面模型重建的另一种方法是直接对测量数据点或者通过测量数据点的多边形化模型上的面片网格进行曲面片拟合，获得曲面片经过过渡、混合和连接，形成最终的曲面模型。

给定一组有序的数据点 $P_i(i=0,1,\cdots,n)$，这些点既可以是从实物测量得到的，也可以是设计人员给出的。要求构造一条曲线顺序通过这些数据点，称为对这些数据点进行插值，所构造的曲线称为插值曲线，所采用的数学方法称为曲线插值法。

以插值方式来建立曲线，其优点是所得到的曲线必会通过所有测量的数据点，因此曲线与数据点的误差为零。缺点是当数据点过大时，曲线控制点也会相对增多。同时，若数据点中有噪声存在，使用插值法拟合曲线时，应先进行数据平滑处理以去除噪声。插值法的过程如图3-2所示。

在某些情况下，如果测量得到的数据点较粗糙、误差较大，构造一条严格通过给定的一组数据点的曲线，则所建立的曲线将不平滑。尽管可以对数据点进行平滑处理，但会丢失曲线的几何特征信息。这时可以构造一条曲线使之在某种意义下最接近给定的数据，这种方法称为对这些数据点的逼近，所构造的曲线称为逼近曲线，所采用的数学方法则称为曲线逼近法。

采用逼近法，首先指定一个允许的误差值，并设定曲线的控制点数目，基于所有测量数据点，用最小二乘法求出一条曲线后，及时求出数据点到曲线的距离，若最大的距离大于设定的误差值，则需要增加控制点数目，重新以最小二乘法拟合曲线，直到误差满足为止，如图3-3所示。

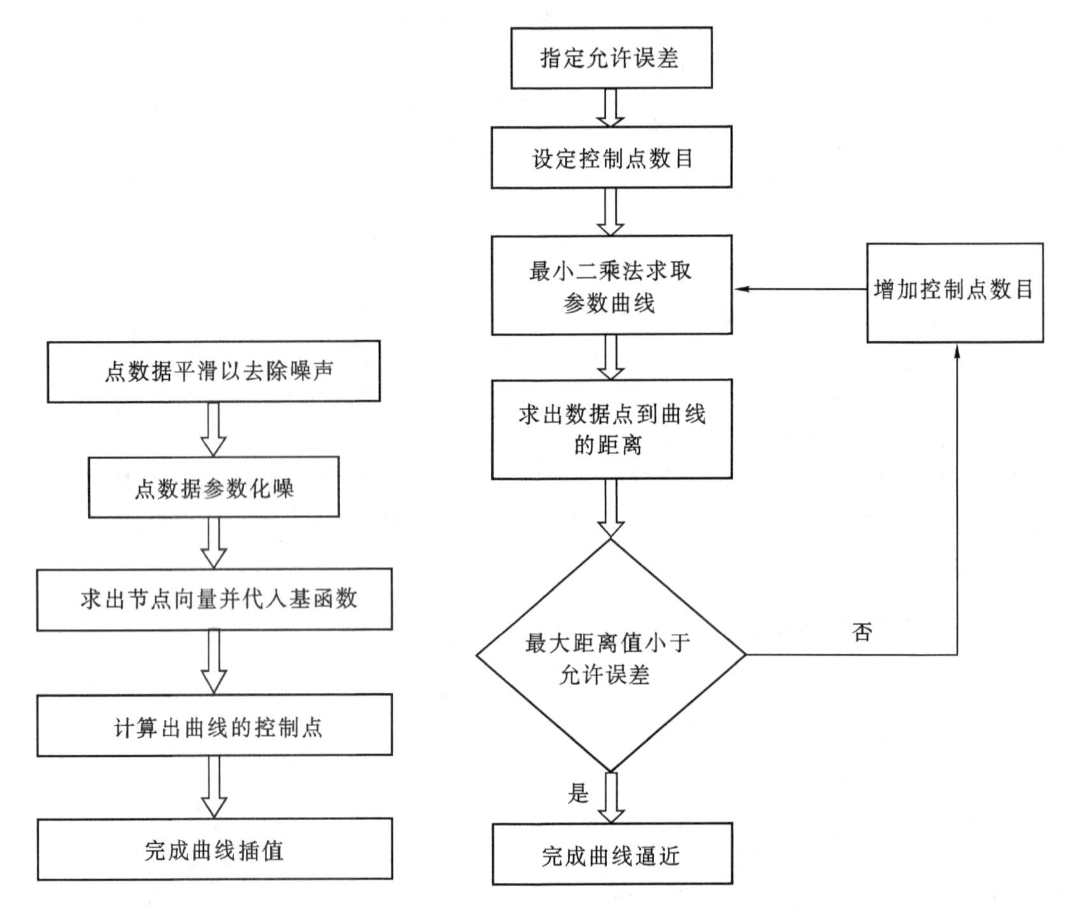

图3-2　曲线插值过程

图3-3　曲线逼近过程

类似地，可以将曲线拟合推广到曲面拟合。曲线、曲面拟合是曲线、曲面插值与曲线、曲面逼近的统称。

3.2.2　曲线的参数表达

在CAD系统中，几何实体在数学上往往是采用参数多项式的形式来表示的。

1. 参数三次曲线

在大多数应用案例中，参数三次曲线应用最为广泛，事实上，大多数 CAD 实体形状的表示和设计都是用三次参数化来实现的。参数三次曲线既可以生成带有拐点的平面曲线，又能生成空间曲线次数最低的参数多项式曲线。三次多项式可以使用 4 个点的拉格朗日插值来定义，如式(3－1)；也可以使用两个点和两个端点的斜率来进行定义，如式(3－2a)与式(3－2b)。后一种形式通常被称为 Hermite 插值。

$$p(u)=\begin{bmatrix}x\\y\\z\end{bmatrix}=\begin{bmatrix}a_1 & b_1 & c_1 & d_1\\a_2 & b_2 & c_2 & d_2\\a_3 & b_3 & c_3 & d_3\end{bmatrix}\begin{bmatrix}1\\u\\u^3\\u^2\end{bmatrix}=\sum_{0}^{3}k_iu^i \tag{3-1}$$

其中，k_i 是未知系数向量。

$$p(u)=p_0(1-3u^2+2u^3)+p_1(3u^2-2u^3)+p'_0(u-2u^2+u^3)+p'_1(-u^2+u^3) \tag{3-2a}$$

$$p(u)=[1\quad u\quad u^2\quad u^3]\begin{bmatrix}1 & 0 & 0 & 0\\0 & 0 & 1 & 0\\-3 & 3 & -2 & -1\\2 & -2 & 1 & 1\end{bmatrix}\begin{bmatrix}p_0\\p_1\\p'_0\\p'_1\end{bmatrix} \tag{3-2b}$$

由于美国波音公司的 Ferguson 首先引入参数三次方程，因此参数三次曲线又称为 Ferguson 曲线。

2. Hermite 曲线

假如给定曲线的两个端点 p_0 和 p_1 及其对应的曲线斜率 p'_0 和 p'_1 作为边界条件，则可以由式(3－1)推出，其结果可以等价表示为式(3－2a)和式(3－2b)。

式(3－2b)表示的即是 Hermite 参数曲线。在 Hermite 参数曲线上任意参数 u 所对应的位置由方程(3－2)中的 4 个 u 的函数和表示，这 4 个参数 u 的函数称为 Hermite 参数曲线的基函数(见图 3－4)，它们和边界条件一起，用于描绘任意 Hermite 三次多项式曲线的形状。

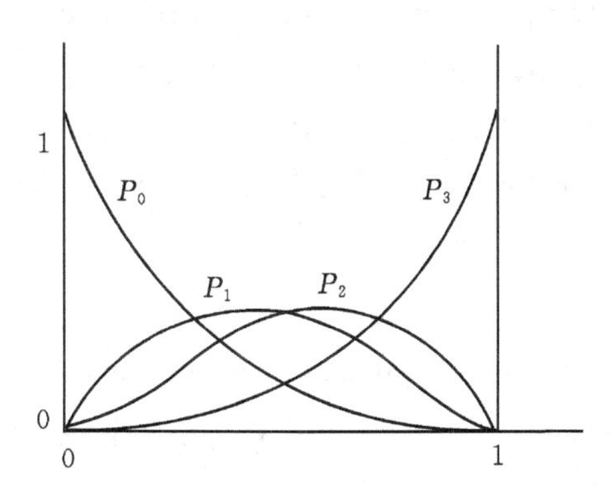

图 3－4　Hermite 曲线的基函数

3. Bezier 曲线

应用上，用户并不能通过 Hermite 曲线边界条件的变化来直观地预期曲线的形状，因此，法国雷诺汽车公司的 Bezier 提出使用一个控制多边形来取代点和斜率定义边界条件。通过逼近控制多边形的控制点可以产生一条阶次等于控制点数的曲线，如图 3－5 所示，而且通过控制的改变，用户可以直观地预期曲线形状的改变。

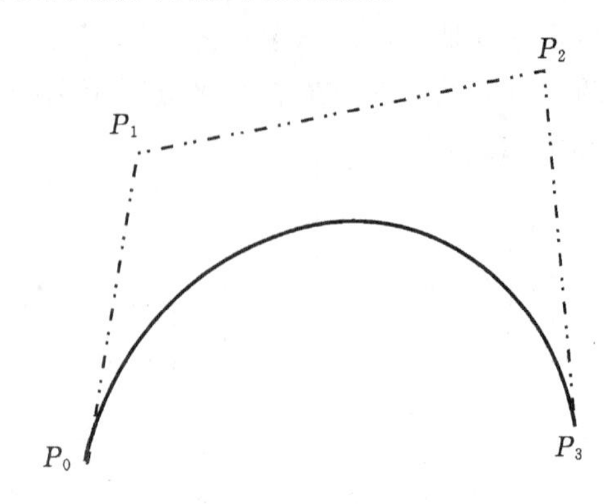

图 3－5　三次 Bezier 曲线

和 Hermite 曲线相似，Bezier 曲线也是对控制多边形的首尾两个控制点进行插值。通常应用的 Bezier 表达式是使用 Bernstein 多项式来表示的。

$$p(u)=\sum_{i=0}^{n}B_{i,n}(u)p_i,\quad 0\leqslant u\leqslant 1 \tag{3-3}$$

其中，$B_{i,n}(u)=\frac{n}{[i!\ (n-1)!]}u^i(1-u)^{n-1}$ 是 Bernstein 多项式，它构成的是 Bezier 曲线的基函数；$p_i(i=0,1,\cdots,n)$ 为 Bezier 曲线控制多边形的 $n+1$ 个控制顶点，且 n 表示的是 Bezier 曲线的阶数。

Bezier 曲线具有很多的优良特性，如对称性、凸包性和几何不变性等，用户通过调整曲线的控制点便可以直观地对 Bezier 曲线进行修改。但其也有两点不足：其一是 Bezier 曲线或曲面不能进行局部修改；其二是 Bezier 曲线或曲面的拼接比较复杂。

4. B 样条曲线

1972 年，Gordon、Riesenfeld 等人提出了 B 样条方法，在保留 Bezier 方法全部优点的同时，克服了 Bezier 方法的弱点。B 样条曲线是 Bezier 曲线的一般化，与 Bezier 曲线采用 Bernstein 多项式作为基函数不同，它采用样条函数作为其基函数，这可以在保持曲线阶数不变的情况下而使用更多数量的控制点来进行曲线的构建。样条是分段连续的参数曲线，每段曲线以特定的参数值(称为参数节点)连接。

B 样条曲线方程可写为

$$p(u)=\sum_{i=0}^{n}p_i n_{i,k}(u),\quad 0\leqslant u\leqslant 1 \tag{3-4}$$

其中：$p_i(i=0,1,\cdots,n)$ 为控制顶点，顺序连接成的折线称为 B 样条控制多边形；$N_{i,k}(u)(i=0,1,\cdots,n)$ 称为 k 次规范 B 样条基函数，且有

$$N_{i,k}(u)=\frac{u-U_{t-1-k}}{U_t-U_{t-1-k}}N_{t-1,k-1}(u)+\frac{U_{t-1}-u}{U_{t-1}-U_{t-2-k}}N_{t,k-1}(u) \tag{3-5}$$

B 样条基是多项式样条空间具有最小支承的一组基，故被称为基本样条(BasicSpline)，简称 B 样条。

B 样条曲线具有能描述复杂形状的功能和局部性质，是最广泛流行的形状数学描述的主流方法之一，现已成为关于工业产品几何定义国际标准的有理 B 样条方法的基础。

5. NURBS 曲线

B 样条方法在表示与设计自由型曲线、曲面形状时显示了强大的威力，然而在表示与设计初等曲线、曲面时却遇到了麻烦。因为 B 样条曲线（包括其特例的 Bezier 曲线）都不能精确表示除抛物线外的二次曲线，而只能给出近似的表示。提出 NURBS 方法，即非均匀有理 B 样条方法，主要是为了找到既与描述自由型曲线、曲面的 B 样条方法相统一，又能精确表示二次曲线弧与二次曲面的数学方法。

NURBS 方法的主要优点：

（1）既为标准的解析形状（即初等曲线曲面）、又为自由型曲线曲面的精确表示与设计提供了一个公共的数学形式。

（2）可修改控制顶点和权因子，为各种形状设计提供了充分的灵活性。

（3）B 样条方法一样，具有明显的几何解释和强有力的几何配套技术（包括节点插入、细分和升阶等）。

（4）对几何变换和投影变换具有不变性。

（5）非有理 B 样条、有理与非有理 Bezier 方法可以处理为 NURBS 方法的特例。

不过，目前在应用 NURBS 方法中，还有一些难以解决的问题：

（1）比传统的曲线曲面定义方法需要更多的存储空间，如空间圆需 7 个参数（圆心、半径和法矢），而 NURBS 定义空间圆需 38 个参数。

（2）权因子选择不当会引起畸变。

（3）对搭接、重叠形状的处理较麻烦。

（4）反求曲线、曲面上点参数值的算法不稳定。

NURBS 曲线是由分段有理 B 样条多项式基函数来定义的：

$$p(u)=\frac{\sum_{i=0}^{n} w_i N_{i,k}(u) p_i}{\sum_{i=0}^{n} w_i N_{i,k}(u)}, \quad 0 \leqslant u \leqslant 1 \tag{3-6}$$

其中：$w_i(i=0,1\cdots,n)$是控制顶点的权重系数；$N_{i,k}(u)$是 k 次规范 B 样条基函数；p_i 是控制顶点。

3.2.3　曲面的参数表达

CAD 系统中最常用的曲面造型方法是大多数参数多项式曲线方法在两个参数方向的推广，曲面的基本表示形式如式(3-7)所示。因此，不同形式表达的曲面具有与之相对应的曲线所具有的优缺点，且与参数曲线的分段连续特点相似，这些曲面基本上也是由曲面片组合而成的。

$$p(u,v)=\begin{bmatrix} x \\ y \\ z \end{bmatrix}=\begin{bmatrix} x(u,v) \\ y(u,v) \\ z(u,v) \end{bmatrix} \tag{3-7}$$

1. 双三次曲面片

双三次曲面片的数学定义如下：

$$p(u,v)=\sum_{i=0}^{3}\sum_{j=0}^{3}k_{ij}u^{i}v^{i} \tag{3-8}$$

该曲面可以通过 16 个数据点的拉格朗日插值来获得，也可以使用 Hermite 插值并按 Hermite 插值曲线的形式来构造。不过，要定义一张 Hermite 插值的双三次曲面片，除使用 4 个角点和它们对应的两个参数方向的 8 个切矢量之外，还需要另外定义 4 个约束，这些约束通常是角点矢量的扭矢。

2. Bezier 曲面

基于 Bezier 曲线的讨论，可以方便地给出 Bezier 曲面的定义和性质，Bezier 曲线的一些算法也可以很容易扩展到 Bezier 曲面的情况。

设 $p_{ij}(i=0,1,\cdots,n;\ j=0,1,\cdots,m)$ 为 $(n+1)\times(m+1)$ 个空间点列，则 $m\times n$ 次张量积形式的 Bezier 曲线为

$$p(u,v)=\sum_{i=0}^{n}\sum_{j=0}^{m}p_{ik}B_{i,m}(u)B_{j,n}(v),\quad u,v\in[0,1] \tag{3-9}$$

或使用矩阵形式表示为

$$p(u,v)=\begin{bmatrix}B_{0,n}(u) & B_{1,n}(u) & \cdots & B_{m,n}(u)\end{bmatrix}\begin{bmatrix}p_{00} & p_{01} & \cdots & p_{0m}\\ p_{10} & p_{11} & \cdots & p_{1m}\\ \vdots & \vdots & & \vdots\\ p_{n0} & p_{n1} & \cdots & p_{nm}\end{bmatrix}\begin{bmatrix}B_{0,m}(v)\\ B_{1,m}(v)\\ \cdots\\ B_{n,m}(v)\end{bmatrix} \tag{3-10}$$

其中，$B_{i,m}(u)=C_m^i u^i(1-u)^{m-i}$，$B_{j,n}(v)=C_n^j v^j(1-v)^{n-j}$ 是 Bernstein 基函数。依次用线段连接点列 $p_{ij}(i=0,1,\cdots,n;j=0,1,\cdots,m)$ 中相邻两点所形成的空间网格称为特征网格。在一般实际应用中，$n,m\leqslant4$，且与 Bezier 曲线控制点修改的全局性相同，通过 Bezier 曲面控制网格顶点的移动将对该网格定义的曲面整体形状产生影响。

3. B 样条曲面和 NURBS 曲面

B 样条曲面和 NURBS 曲面分别是 B 样条曲线和 NURBS 曲线在曲面空间的推广，它们的数学表达式分别如式(3-11)和式(3-12)所示。

$$p(u,v)=\sum_{i=0}^{m}\sum_{j=0}^{n}N_{i,k}(u)N_{j,l}(v)p_{ij},\quad u,v\in[0,1] \tag{3-11}$$

$$p(u,v)=\frac{\sum_{i=0}^{m}\sum_{j=0}^{n}N_{i,k}(u)Nd_{j,l}(v)w_{ij}p_{ij}}{\sum_{i=0}^{m}\sum_{j=0}^{n}N_{i,k}(u)N_{j,l}(v)w_{ij}},\quad u,v\in[0,1] \tag{3-12}$$

式中：m,n 分别为 u,v 参数方向上 B 样条曲线或 NURBS 曲线的次数；k,l 分别为 u,v 参数方向上 B 样条曲线或 NURBS 曲线的阶数；ω_{ij} 是曲面各控制点对应的权重系数；p_{ij} 为曲面的控制点。

3.2.4 曲线、曲面光顺性评价

在逆向工程中，人们除了对重构得到的模型和实物样件间的误差即精度有要求之外，模型的表面质量即形状的光顺性也越来越重要。如果曲面不光顺，就不能够满足产品外观设计的

要求，同时也可能不便于加工。因此，曲线、曲面的光顺性评价已成为产品设计过程中一个十分重要的要求。下面对光顺性评价的几个重要概念进行介绍。

(1)光顺(Fairing)：消除外形的不规则性以得到更光滑形状的过程。

(2)曲率梳(Curvature Comb)：曲线各点处曲率的矢量表示，通过它可以直观地评价曲线光顺的情况，也可以用于指导用户对曲线的光顺性进行微调。

(3)G^0 连续(G^0 Continuity)零阶几何连续，亦称位置连续，指两曲线具有公共的连接点或是两曲面具有公共的连接线。两曲线或是曲面只是在连接点或是连接线重合，而在连接处切线方向和曲率均不一致。这种连续的表面看起来会有一个很尖锐的接缝，属于连续性中级别最低的一种。

(4)G^1 连续(G^1 Continuity)：一阶几何连续，亦称切矢连续，指两曲线不仅在连接点处重合，而且在连接点处具有一致的切矢方向；而对于相连接的两个曲面，则为两平面在公共连接线处处具有公共的切平面或公共的曲面法线。这种连续性的表面不会有尖锐的连接缝。但是由于两种表面在连接处存在曲率突变，在视觉效果上仍然会有明显的差异。

(5)G^2 连续(G^2 Continuity)：二阶几何连续，亦称曲率连续，指两曲线在公共点处具有相同的曲率或是两曲面沿公共连接线处处在所有方向都具有公共的法曲率。其条件是，当且仅当两曲面沿它们的公共连接线处具有公共的切平面，又具有公共的主曲率，及在两个主曲率不相等时，具有公共的主方向。这种连续性的表面没有尖锐连接缝，也没有曲率的突变，视觉效果光滑流畅，没有突然中断的感觉。曲率连续通常是制作光滑表面的最低要求，也是制作A级曲面的最低标准。

(6)A级曲面(Class A Surface)：A级曲面在曲面造型上并没有一个确切的定义。从数学角度上看，可以简化为用尽可能简单的数学表这对一定的点云拟合所得的至少满足曲率连续的一组曲面。Class A一词最初由法国Dassault Systems公司在开发CATIA时提出，专指车身模型中对曲面质量有特殊要求的一类曲面，如外形曲面、仪表板和内饰件的表面等。Class A曲面是既满足几何光顺要求，又满足审美要求的一类曲面。其技术要求一般可归结为以下几点：

①Class A曲面必须是光顺曲面；

②Class A曲面的特征网格线必须均匀合理地分布，最好在某一投影面上以矩形方式分布；

③Class A曲面的特征网格节点上表示曲面曲率方向的箭头指向应一致；

④在与两相邻曲面相接线的垂直方向，两曲面的阶数应一致，这样在曲面匹配处理后，不会产生不必要的曲面扭曲变形。

一般来说，在逆向工程曲面造型中所指的高质量曲面即为A级曲面。

3.3 Geomagic Studio逆向建模基本流程

Geomagic Studio是美国Geomagic公司出品的逆向工程软件，可轻易地从扫描所得的点云数据中创建出完美的多边形网格并自动转换为NURBS曲面，其逆向曲面重建模块能快速地整理点云资料并自动产生网格以构建任何复杂模型的精确曲面，针对逆向工程各阶段的信息(如点、网格断面线、特征线分析对比等)提供了易学快速的友善工具。

Geomagic Studio 逆向设计的原理是用许多细小的空间三角形来逼近还原 CAD 实体模型。其具体的曲面重建流程被划分为点阶段—多边形阶段—造型阶段三个前后紧密联系的阶段来进行，如图 3-6 所示。

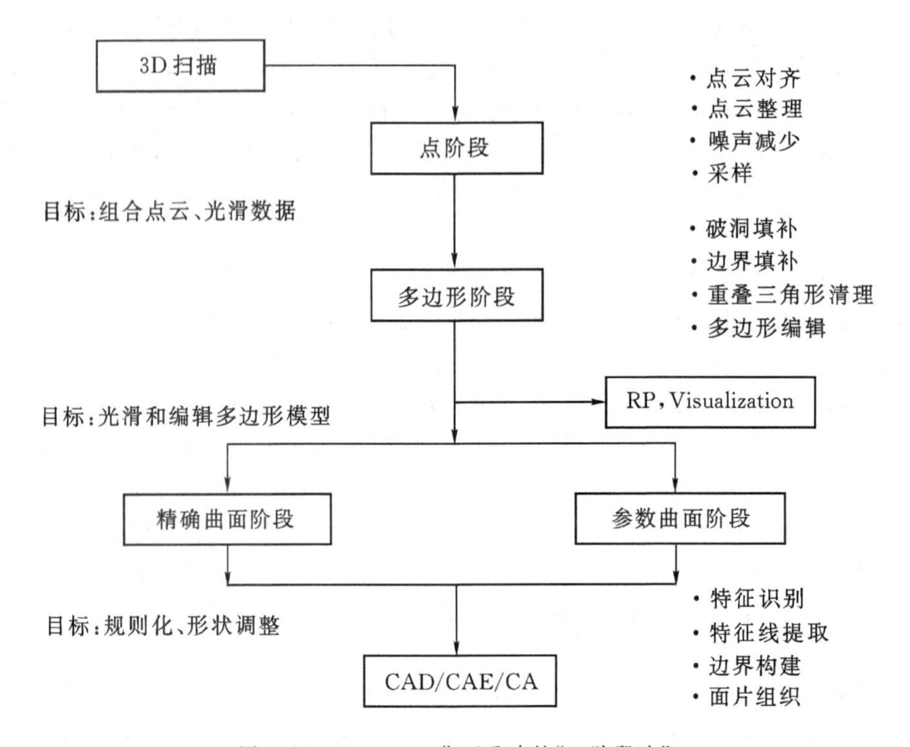

图 3-6　Geomagic 曲面重建的“三阶段法”

3.4　Geomagic Studio 2013 模块简介

根据 GeomagicStudio 逆向建模的流程，其主要包含以下 5 个模块：基础模块、点处理模块、多边形处理模块、精确曲面模块和参数曲面模块。

1. 基础模块

此模块的主要作用是对软件操作人员提供基础的操作环境，包含的主要功能有文件存取、显示控制及数据结构。

2. 点处理模块

此模块的主要作用是对导入的点云数据进行预处理，将其处理为整齐、有序以及可提高处理效率的点云数据，它包含的主要功能有：

(1)导入点云数据；

(2)选择体外孤点、非连接项、减少噪点；

(3)对点云数据进行曲率、格栅、统一或者随机采样；

(4)添加点、偏移点；

(5)由点云创建曲线，并可对曲线进行编辑、合并、拟合、投影和转为边界等处理；

(6)对点云三角面片网格化封装。

3. 多边形处理模块

此模块的主要作用是对多边形网格数据进行表面光顺与优化处理，以获得光顺、完整的三角面片网格，并消除错误的三角面片，提高后续的曲面重建质量。它包含的主要功能有：

(1)删除钉状物，减少噪点以光顺三角网格；

(2)细化或者简化三角面片数目；

(3)加厚、抽壳、偏移三角网格；

(4)填充内、外部孔或者拟合孔，并清除不需要的特征；

(5)合并多边形对象，并进行布尔运算；

(6)锐化曲面之间的连接，形成角度；

(7)选择系统平面或者生成的对象曲面对模型进行截面运算；

(8)手动雕刻曲面或者加载图片在模型表面形成浮雕；

(9)打开或封闭流形，增强表面啮合；

(10)创建边界，并可对边界进行伸直、增加/减少控制点、松弛、延伸、细分、投影、创建对象等处理；

(11)删除小组件、小孔、小通道、自相交、高度折射边、非流形边、钉状物。

4. 精确曲面模块

此模块的主要作用是实现数据分割与曲面重构，通过获得整齐的划分网格，从而拟合出光顺的曲面，它包含的主要功能有：

(1)自动曲面化；

(2)探测轮廓线，并对轮廓线进行绘制、松弛、收缩、合并、细分、延伸等处理；

(3)探测曲率线，并对曲率线进行手动移动、设置级别、升级/约束等处理；

(4)构造曲面片，并对曲面片进行移动、松弛、修理等处理；

(5)定义面板类型，均匀化铺曲面片；

(6)构造栅格，并可对栅格进行松弛、编辑、简化等处理；

(7)拟合NURBS曲面，并可修改NURBS曲面片层、修改表面张力；

(8)对曲面进行松弛、合并、删除等处理。

5. 参数曲面模块

此模块的主要作用是通过定义曲面特征类型并拟合成准CAD曲面，包含的主要功能有：

(1)探测轮廓线，并对轮廓线进行绘制、松弛、收缩、合并、细分、延伸等处理；

(2)统一或自适应方式对轮廓线进行延伸，并对延伸线进行编辑；

(3)根据划分的曲面分类为平面、圆柱、圆锥、球、伸展、拔模伸展、旋转、放样、自由曲面等类型：

(4)拟合初级曲面；

(5)拟合连接；

(6)对初级曲面的修剪或者未修剪曲面进行偏差等分析，对不符合要求的曲面重新进行构建；

(7)创建NURBS曲面，并可输出整个模型、未修剪初级曲面、已修剪初级曲面或者剖面曲线。

6. 参数转换模块

此模块的主要作用是将定义的曲面数据发送到其他 CAD 软件中进行参数化修改，包含的主要功能有：

(1)选择数据交换对象：Autodesk Inventor 2008、Autodesk Inventor 2009、Pro/ENGINEER Wildfire 3.0、Pro/ENGINEER Wildfire 4.0、SolidWorks 2008 和 SolidWorks 2009；

(2)选择数据交换类型：曲面、实体、草图；

(3)将数据添加至当前活动的 CAD 零件文件或者将数据添加至新的 CAD 零件文件；

(4)选择曲面数据发送至 CAD 软件环境下。

3.5 Geomagic Studio 2013 基本操作

3.5.1 启动软件及用户界面

有两种方法可以启动 GeomagicStudio 应用软件：

(1)单击【开始】→【程序】→【Geomagic】→【Geomagic Studio 2013】；

(2)双击桌面上的 GeomagicStudio 图标。

用户界面主要分为八个部分，如图 3-7 所示。

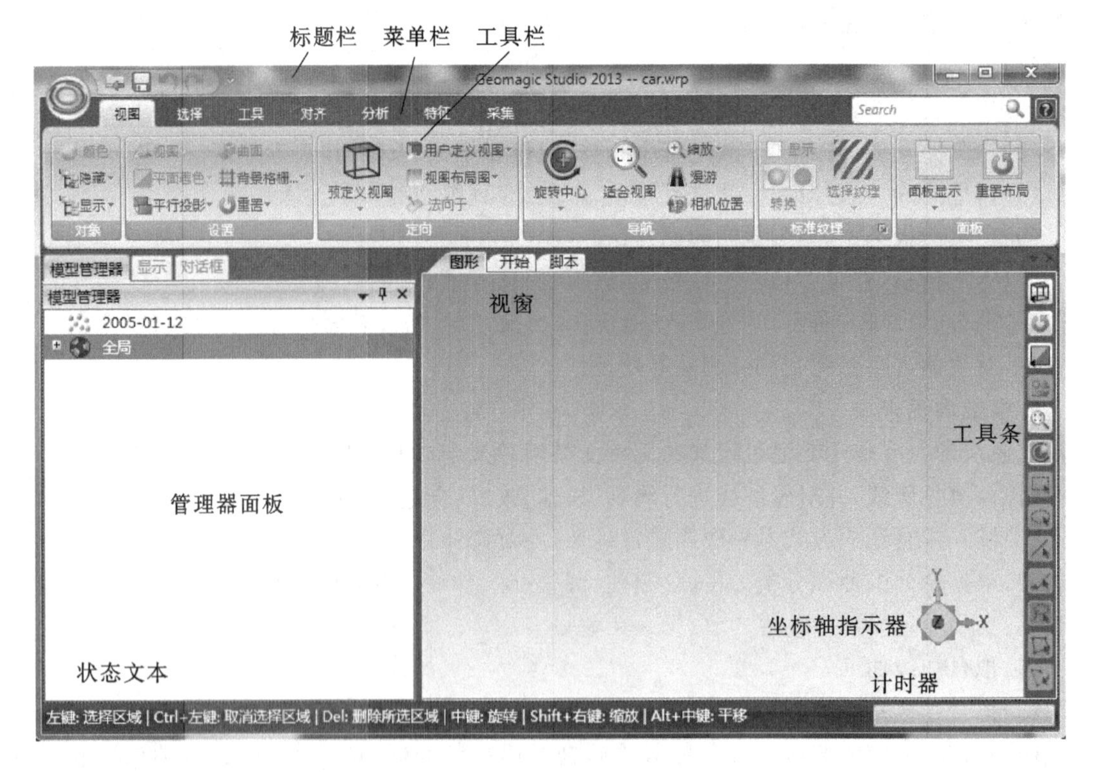

图 3-7 用户界面

(1)管理器面板：包含了管理器的按钮，用来控制不同的项目的显示。在管理器面板中可获得的按钮如下。

①模型管理器——显示在激活模型上的所有对象；

②显示——控制在视窗中的各种项目的显示；

③对话框——显示所有通过工具条和菜单栏获得的命令控制内容和指示信息。

(2)状态文本：提供信息给操作人员，如系统正在处理的操作和用户能够执行的任务。

(3)计时器：显示操作的进程。

(4)坐标轴指示器：显示坐标轴相对于模型的当前位置。

(5)工具条：包含常用命令的快捷键图标。

(6)菜单栏：提供了软件可以执行的所有命令。与所有的 Windows 软件一样采用下互式菜单，单击任意一项主菜单，便可以得到一系列子菜单。

(7)标题栏：主要作用是显示应用软件的图标、名称、版本以及文件名称等信息。

(8)视窗：显示当前工作对象。在视窗里可以观察到文件内容或进行选取工作。

3.5.2 鼠标控制和快捷键

在 Geomagic Studio 中需要使用三键鼠标，这样有利于提高工作效率。鼠标键从左到右分别为左键(MB1)、中键(MB2)和右键(MB3)。

1. 鼠标左键

MB1：单击选择用户界面的功能键和激活对象的元素；

单击并拖拉激活对象的选中区域；

在一个数值栏里单击上下箭头来增大或减少这个值。

Ctrl+MB1：取消选择的对象或者区域。

Alt+MB1：调整光源的入射角度和调整亮度。

Shift+MB1：当同时处理几个模型时，设置为激活模型。

2. 鼠标中键

滚轮：缩放，即放大或缩小视窗中对象的任意部分，把光标放在要缩放的位置上并使用滚轮；把光标放在数值栏里，滚动滚轮可增大或缩小数值。

MB2：单击并拖动对象在视窗中旋转；

单击并拖动对象在坐标系里旋转。

Ctrl+MB2：设置多个激活对象。

Alt+MB2：平移。

3. 鼠标右键

MB3：单击获得快捷菜单，包含了一些使用频繁的命令。

Ctrl+MB3：旋转。

Alt+MB3：平移。

Shirt+MB3：缩放。

4. 快捷键

表3-1中列出的是默认快捷键。通过快捷键可快速地获得某个命令，不用在菜单栏里或工具栏里选择命令。

表 3-1 快捷键及其所对应的命令

快捷键	命令
Ctrl+N	文件→新建
Ctrl+O	文件→打开
Ctrl+S	文件→保存
Ctrl+Z	撤销
Ctrl+Y	重复
Ctrl+T	选择→选择工具→矩形
Ctrl+L	选择→选择工具→线条
Ctrl+P	选择→选择工具→画笔
Ctrl+U	选择→选择工具→定制区域
Ctrl+A	选择→全选
Ctrl+C	选择→全部不选
Ctrl+V	选择→只选择可见
Ctrl+G	选择→选择贯穿
Ctrl+D	视图→适合视图
Ctrl+F	视图→设置旋转中心
Ctrl+R	视图→重置→重设当前视图
Ctrl+B	视图→重置→重置边框
Ctrl+X	工具→选项
F1	帮助(将光标放置在需要帮助的命令上,然后按 F1)
Esc	中断操作
Ctrl+Shift+X	工具→运行→运行宏
Ctrl+Shift+E	工具→运行→结束宏
Delete	删除、删除多边形、删除面、删除曲线
F6	视图→显示→所有对象
F3	视图→显示→下个对象
F4	视图→显示→前一对象
F7	视图→隐藏→所有对象
F2	视图→隐藏→非活动对象

3.5.3　帮助

关于每个指令或设置的详细的资料，请参考帮助。将光标放在有疑问的命令上，然后按 F1 键，帮助页面如图 3 - 8 所示。

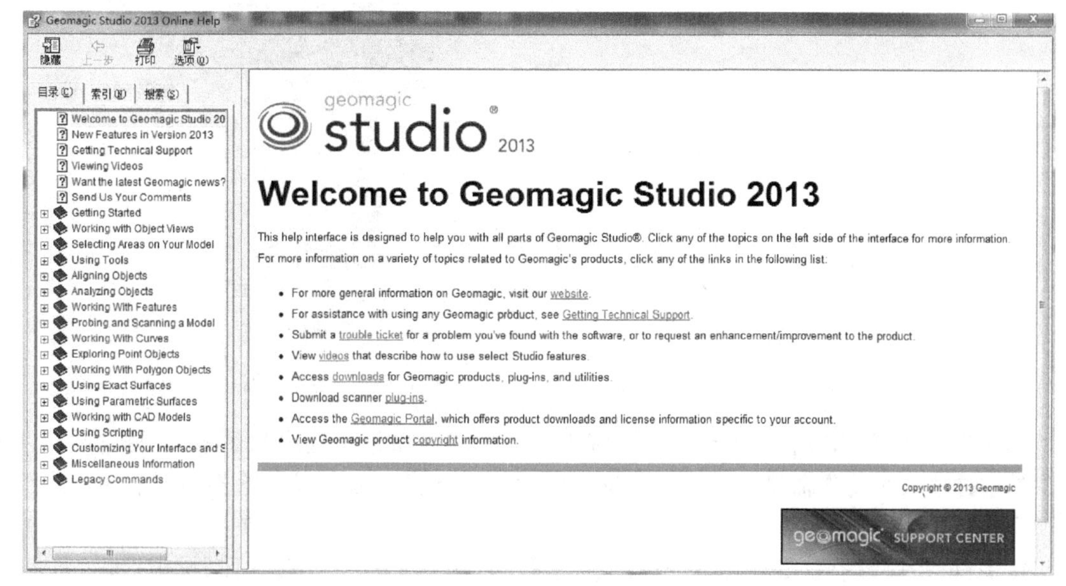

图 3 - 8　帮助页面

3.5.4　基本操作案例

目标：了解和熟悉 GeomagicStudio 软件界面组成以及一些基本操作，并通过对软件进行设置以适合不同操作人员的需求。

需要应用的主要技术命令如下：

(1)【打开】；

(2)【选择】→【选择工具】；

(3)【多边形】→【删除多边形】。

1. 打开附带光盘中的“3 - 1. wrp”文件

启动 GeomagicStudio 软件，单击【打开】图标，系统弹出“打开文件”对话框，查找并选中 3 - 1. wrp 文件，然后单击【打开】按钮，在视窗中显示的钣金件点云数据如图 3 - 9 所示。

图 3 - 9　钣金件点云数据图

2. 选择工具和删除

在对点云数据进行处理的过程中，往往需要对点云进行局部或者全部选择；对点云数据中多余的或者不需要的部分进行选择之后，再进行删除处理。选择【选择】→【选择工具】命令，分别选择【矩形】、【椭圆】、【直线】、【画笔】、【套索】、【多义线】命令对模型进行选择，【选择工具】相对应的工具栏命令如图 3 - 10 所示。选择合适的【选择工具】命令后，按住鼠标左键对区域进行选择。如图 3 - 11 所示是使用各选择工具对模型进行选择。

图 3－10　选择工具　　　图 3－11　选择数据

如撤销选择，只需按住 Ctrl＋鼠标左键进行反选即可撤销反选中的区域。用【选择工具】其中的一种或几种将所需删除的点云数据选中后，选择【多边形】→【删除多边形】选项或者按下 Delete 键。

提示：可在视窗中右击对模型进行【全选】、【全部不选】或者【反转选区】操作。Geomagic-Studio 支持 Windows 环境下的快捷键操作，如【全选】命令可使用 Ctrl＋A 组合键进行全选。

3. 预定义视图

软件中已给出一些标准的预定义视图，以便于操作人员对模型进行观测。选择【视图】→【预定义视图】命令，可供选择的预定义视图有：俯视图、仰视图、左视图、右视图、前视图、后视图和等测视图。【预定义视图】相对应工具栏的命令如图 3－12 所示。

选择【预定义视图】命令后，模型自动地在视窗中显示相应的视图。如图 3－13 所示为模型的左视图和后视图。

图 3－12　预定义视图

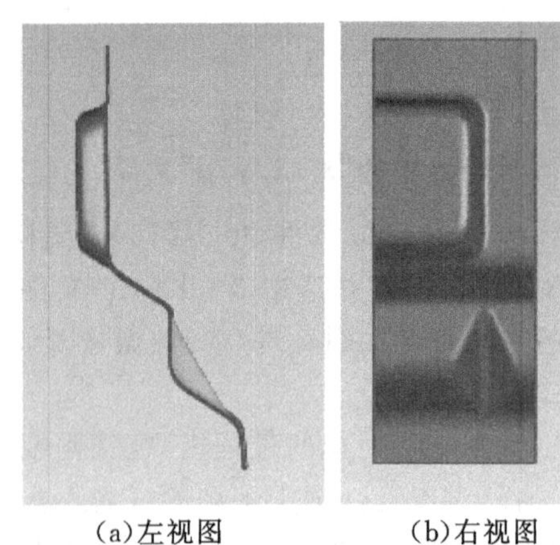

(a)左视图　　(b)右视图

图 3－13　模型的左视图和前视图

4. 面板——模型管理器

【模型管理器】中显示了所有的对象以及基于此对象所创建的基准、特征等信息，单击激活对象成为当前对象。在对象名称上右击可进行隐藏、重命名、删除、保存、复制、钉住、忽略、创建组和属性操作，如图 3-14 所示。

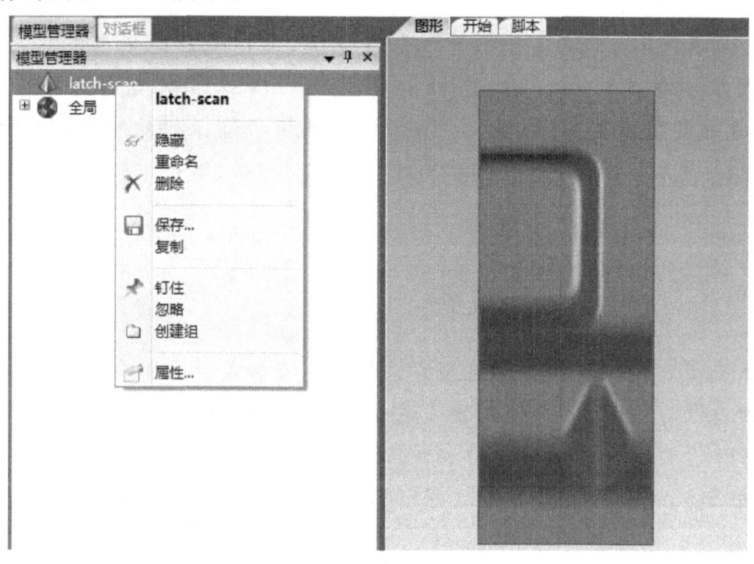

图 3-14　模型管理器

5. 面板——显示面板

【显示面板】包含了对象的一些基本显示，以便于操作人员对模型进行观测或其他操作。单击激活多边形钣金件对象为当前对象，单击【显示】按钮，查看可供选择的控制选项。如图 3-15 所示，包括【常规】、【几何图形显示】、【光源】和【覆盖】显示内容。单击复选选项框可对该选项框的内容进行显示。

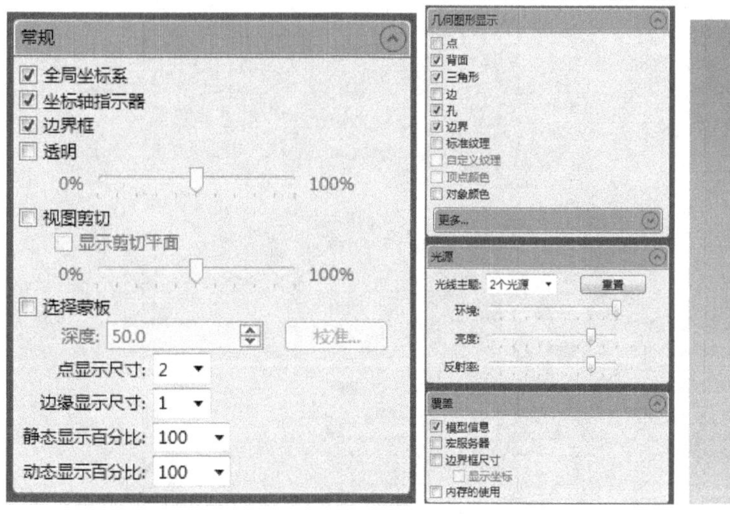

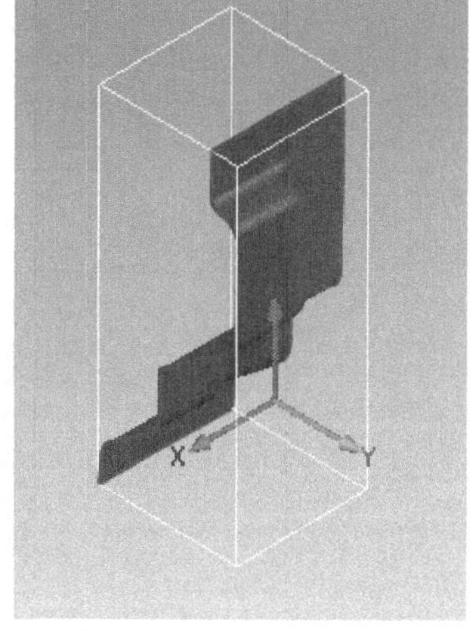

图 3-15　基本体素管理器

本章小结

本章首先介绍逆向工程CAD建模系统及其分类，对传统曲面造型方式与快速曲面造型方式系统的不同技术特点进行了分析，并介绍了逆向工程曲线曲面的数学基础。同时对Geomagic Studio逆向建模基本流程进行了总结，归纳了各阶段模块中Geomagic Studio的主要功能。最后介绍Geomagic Studio基础模块命令的基本操作，并结合实例操作来演示操作步骤。

思考题

1. 传统曲面造型方式和快速曲面造型方式的基本流程是什么？各有何特点？
2. 对于自由曲线与曲面，常用哪几种表达方式？各有何特点？
3. 通常如何评价曲线曲面的光顺性和连续性？
4. Geomagic Studio中的曲面重建过程可以划分为几个阶段？每个阶段完成的主要工作是什么？
5. Geomagic Studio中的命令主要分为哪几个模块？每个模块的主要任务是什么？

第 4 章　Geomagic Studio 点阶段处理技术

学习目标

通过实例创作过程的学习，掌握 GeomagicStudio 点阶段技术命令的基本操作，理解各个技术命令的功能和操作方法，掌握操作步骤；通过效果图片使读者更加直观和清晰地看到各个操作命令的实际效果，使学习者更快地掌握点阶段的操作技术。

掌握数据注册技术操作，GeomagicStudio 点阶段主要进行初期扫描的点云数据处理，对于多视图扫描数据，通过使用“手动注册”和“全局注册”完成数据注册，再将注册得到的完整数据模型合并为多边形数据模型，为点云的多边形化做准备。

学习要求

能力目标	知识要点
掌握点阶段技术命令	点云合并、非连接项、体外孤点、降噪、采样、封装
学会注册合并以及优化点云数据	手动注册、全局注册、合并
通过实例操作过程总结操作技巧	通过实例熟悉各个技术命令的使用方法

4.1　点阶段基本功能介绍

Geomagic Studio 点阶段是从硬件设备获取点云后进行一系列的技术处理从而得到一个完整而理想的点云数据，并封装成可用的多边形数据模型。其主要思路及流程是：如果点云数据是多次扫描数据，首先要对导入点云数据进行合并点对象处理，生成一个完整的点云；然后通过着色处理来更好地显示点云；最后进行去除非连接项、去除体外孤点、减少噪声、统一采样、封装等技术操作。

Geomagic Studio 点阶段基本操作流程如图 4－1 所示。

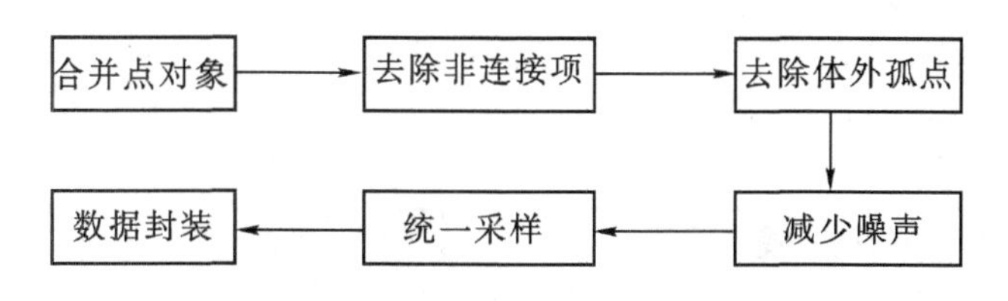

图 4－1　点阶段操作流程图

4.2 点阶段主要操作命令列表

点阶段的主要操作命令在菜单【点】下,如图 4-2 所示。单击工具栏中相应的图标可完成相关操作。

工具栏命令如下:

(1)统一采样; (2)曲率采样; (3)格栅采样; (4)随机采样;
(5)修剪; (6)删除; (7)选择非连接项; (8)去除体外孤点;
(9)减少噪声; (10)着色; (11)按距离过滤; (12)修复法线;
(13)删除法线; (14)填充孔; (15)添加点; (16)偏移点;
(17)拟合; (18)联合点对象; (19)合并; (20)封装。

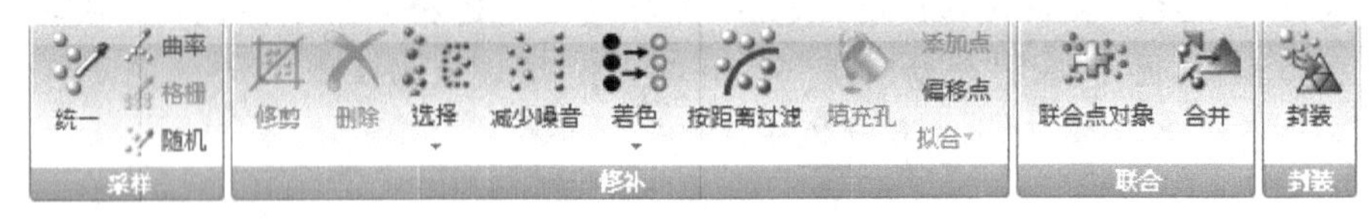

图 4-2 点阶段工具命令

4.3 点阶段应用实例与处理技术

4.3.1 实例 A 米老鼠头像点云编辑处理技术

从扫描设备获取的原始点云,要进行技术处理,包括去除非连接项、去除体外孤点、减少噪声、统一采样、封装等技术操作,以得到可用的点云数据并封装成可用的多边形数据模型。以下以实例创作过程对相关技术命令进行介绍。

目标:使用原始点云数据生成多边形模型。在这一阶段只要通过点阶段的基本命令处理并封装出多边形模型即可,进一步的处理在以后的实例中会进行介绍。在实例中主要对点阶段的基本技术命令进行介绍,介绍载体为一个米老鼠头像,通过点阶段的编辑操作,可以得到一个理想的多边形模型。

本实例需要运用的主要技术命令如下:

(1)【着色】→【着色点】;

(2)【选择】→【非连接项】;

(3)【选择】→【体外孤点】;

(4)【点】→【减少噪声】;

(5)【点】→【统一采样】;

(6)【点】→【封装】。

本实例主要有以下几个步骤:

(1)从原始点云分离出有用点云,去除无用杂点;

(2)通过采样处理,在保证整体外形特征的前提下减少数据量;

(3)封装出一个边界理想、孔数不多、表面比较完整的多边形。

1. 打开附带光盘中“4－1. wrp”文件

启动 Geomagic Studio 软件，单击标题栏上的“打开”图标。系统弹出“打开文件”对话框，查找光盘点云数据文件夹并选中“4－1. wrp”文件，然后单击【打开】按钮，在工作区显示的点云数据如图 4－3 所示。

图 4－3　米老鼠点云数据

提示：可以通过按住鼠标中键或按压 Ctrl＋鼠标右键旋转点云视图，通过推动滚轮来改变视图的大小，通过按住 Alt＋鼠标右键来移动视图位置。工作区左下角有点云数据量的显示，可以查看点云的大小。单击菜单【视图】→【适合视图】或单击工具栏“适合视图”图标来拟合对象视图大小到目前视图框中，也可以用 Ctrl＋D 组合键来快速执行这个功能。

2. 将点云着色

为了更加清晰、方便地观察点云的形状，将点云进行着色。选择工具栏，着色后的视图如图 4－4 所示。

图 4－4　点云着色

3. 选择非连接项

单击工具栏中的【非连接项】按钮，在管理器面板中弹出如图 4-5 所示的【选择非连接项】对话框。在【分隔】的下拉列表框中选择【低】分隔方式，这样系统会选择在拐角处离主点云很近但不属于它们一部分的点。【尺寸】按默认值设为 5.0，单击【确定】按钮。点云中的非连接项被选中，并呈现红色，如图 4-6 所示。

图 4-5 选择非连接项

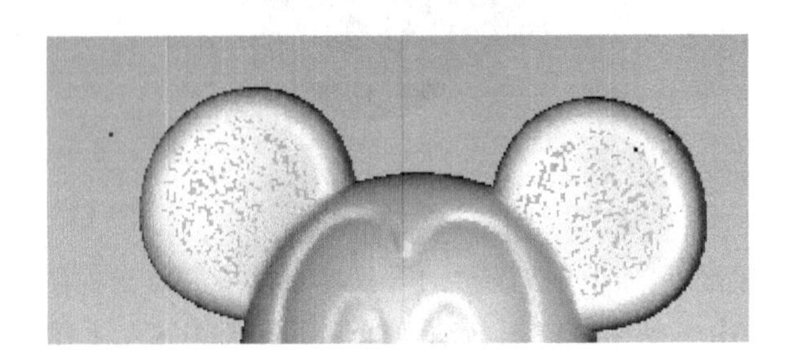

图 4-6 被选中点显示

4. 删除非连接点云

单击工具栏中的【删除】按钮或者按下 Delete 键。

主要操作命令说明——选择非连接项

单击工具栏中的【非连接项】，系统弹出如图 4-7 所示的对话框。这个命令选择的是偏离主点云的点束，选择后，执行删除命令去除所有非连接项。

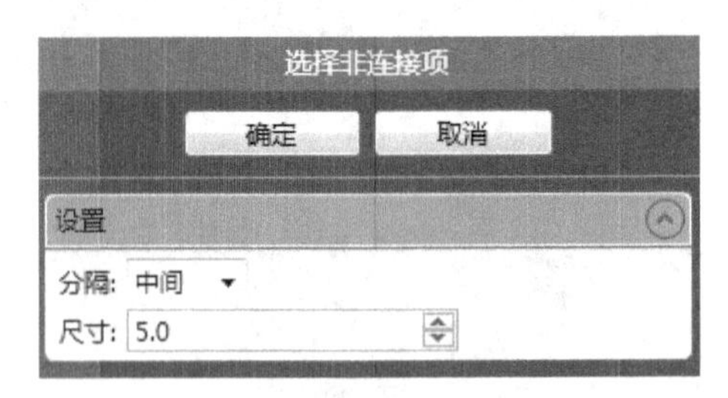

图 4-7 非连接项设置

对话框中部分选项说明如下。

(1)【分隔】：这个菜单有低、中间、高三个选项，由低到高排列，表示点数距离主点云多远并被选中，一般选择为低。

(2)【尺寸】:该值决定了多大数量的点数可以被选中。例如,设置为 5.0 即表示所要选的点云数量是点云总量的 5%或更少,并分离这些点束。

5. 去除体外孤点

单击工具栏中的【选择体外孤点】按钮,在管理器面板中弹出如图 4-8 所示的【选择体外孤点】对话框,设置【敏感度】的值为 90,也可以通过单击右侧的两个三角号增加或减小【敏感度】的值,单击【确定】按钮。此时体外孤点被选中,呈现红色,如图 4-9 所示。单击工具栏中的【删除】按钮,或者按 Delete 键来删除选中的点。

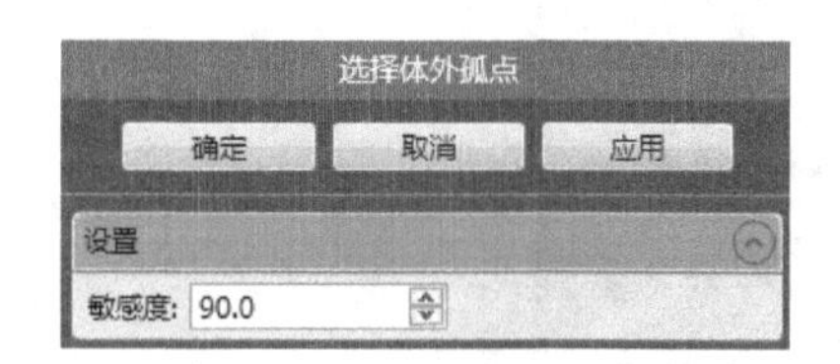

图 4-8　【选择体外孤点】对话框

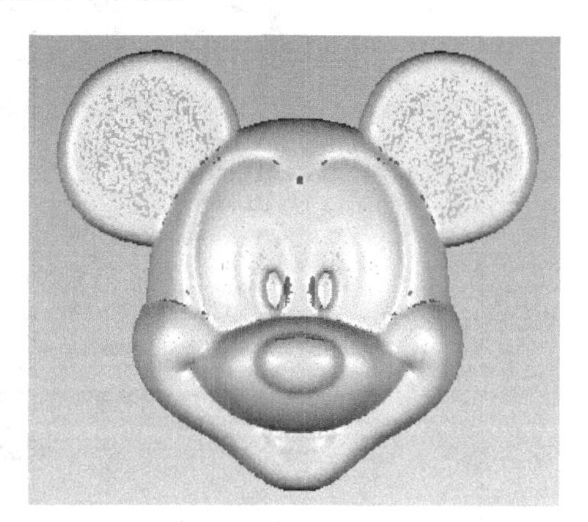

图 4-9　体外孤点显示

主要操作命令说明——去除体外孤点

单击工具栏中的【选择体外孤点】按钮,系统弹出如图 4-10 所示的对话框。这个命令可以进行体外孤点的选择并去除这些体外孤点。

图 4-10　选择并去除体外孤点

体外孤点是指模型中偏离主点云距离比较大的点云数据,通常是由于扫描过程中不可避免地扫描到背景物体,如桌面、墙和支撑结构等物体,必须删除。

对话框中部分选项说明如下。

【敏感度】:探测体外孤点时的敏感程度,取值越大,则越敏感,进而选择的体外孤点越多。【敏感度】的值选择越大捕捉到的体外孤点就越多。

提示:如果点云中有明显的多余的点云数据,即有明显的"非连接项",也可以通过手动删除,方法是:单击工具栏中的图标(分别为矩形工具、椭圆工具、线工具、画笔工具、套索工具、定制区域模式)中的任意一个,框选将要删除的那部分点云,然后单击按钮或按 Delete 键删除点云即可。

6. 减少噪声

单击工具栏中的【减少噪音】按钮，在管理器模板中弹出如图 4－11 所示的【减少噪音】对话框(1)。

选择【自由曲面形状】,【平滑度水平】滑标到无。【迭代】为 2,【偏差限制】为 0.1 mm。

选中【预览】选框，定义【预览点】为 3000,这代表被封装和预览的点数量。取消选中的【采样】选项。

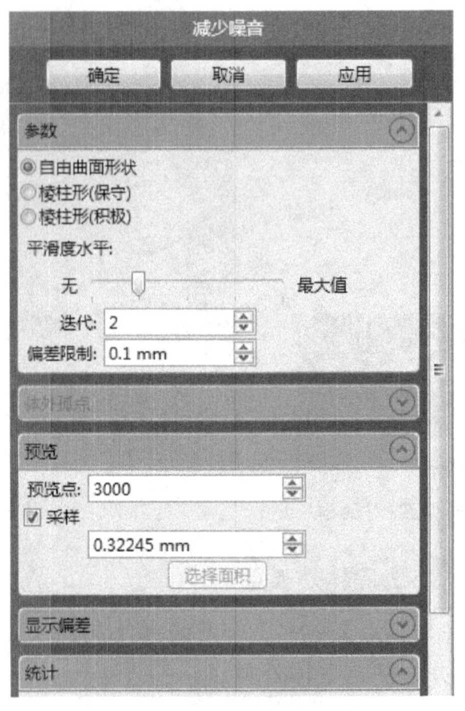

图 4－11 【减少噪音】对话框(1)

用鼠标在模型上选择一小块区域来预览，选中如图 4－12 所示的区域，预览效果如图 4－13 所示。

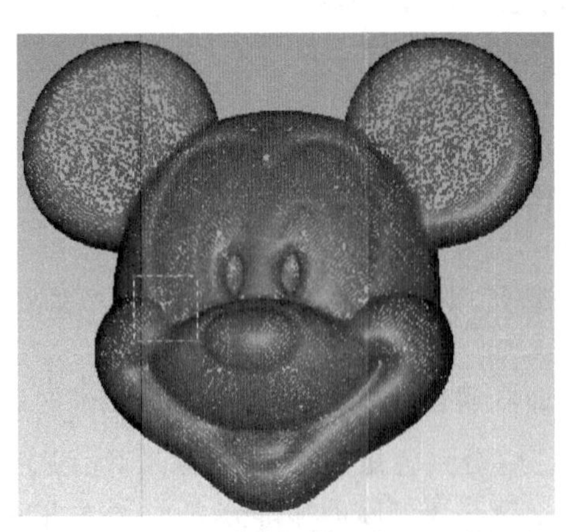

图 4－12 减少噪声对象逆向工程流程图

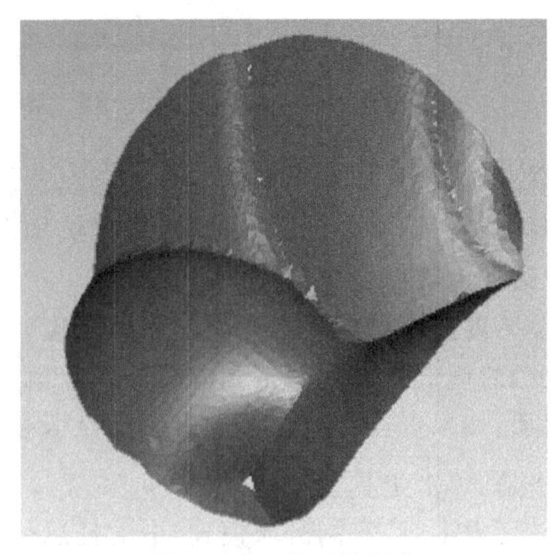

图 4－13 小区域预览

左右移动【平滑级别】项中的滑标，同时观察预览区域的图像有何变化。图 4-14 和图 4-15 分别是平滑级别最小和平滑级别最大时的预览效果。

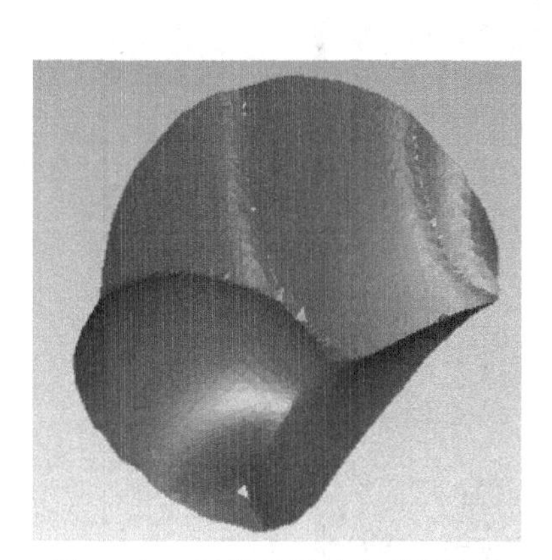
图 4-14 平滑级别最小时的效果

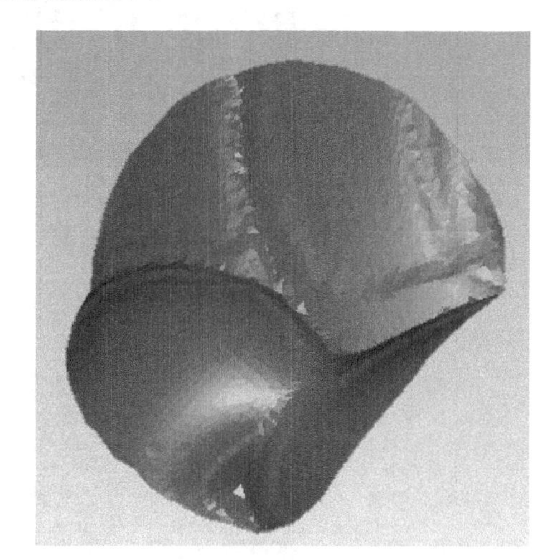
图 4-15 平滑级别最大时的效果

为了更好地了解改变【平滑度水平】对噪声对象改变的程度，打开【显示偏差】在一个色谱图中动态查看改变程度。选中【显示偏差】单选框，定义【最大临界值】为 1 mm，【最大名义值】为 0.1 mm，按 Enter 键更新显示。

调节【平滑度水平】的滑标查看平滑级别对噪声对象的影响。图 4-16 和图 4-17 分别是平滑级别最小和最大时对模型偏差的影响。

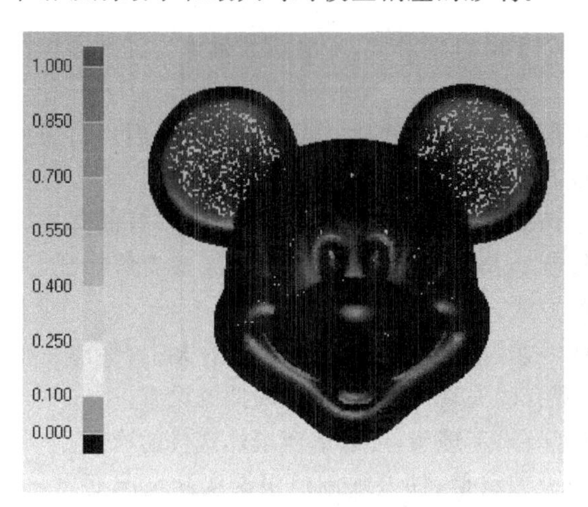

图 4-16 平滑级别最小偏差图

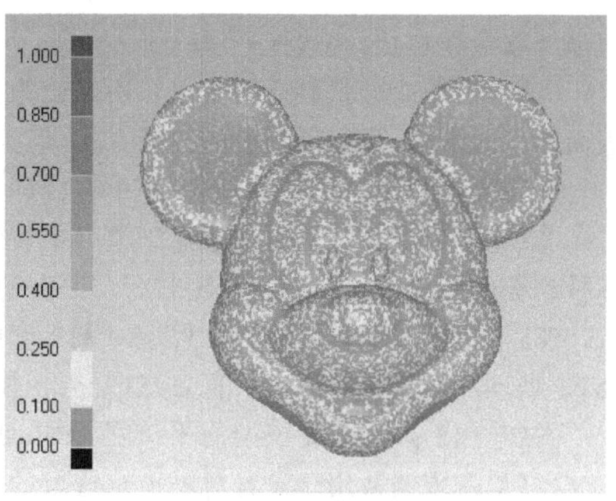

图 4-17 平滑级别最大偏差图

将【平滑度水平】滑标设置在第三个挡上，单击【确定】按钮，退出对话框。

主要操作命令说明——减少噪声。

单击工具栏中的【减少噪声】按钮，系统会弹出如图 4-18 所示的对话框。该命令用于减少在扫描过程中产生的一些噪声点数据，所谓的噪声点是指模型表面粗糙的、非均匀的外表点云，扫描过程中由于扫描仪器轻微的抖动等原因产生。减噪处理可以使数据平滑，降低模型的这些偏差点的偏差值，在后来封装的时候能够使点云数据统一排布，更好地表现真实的物体形状。

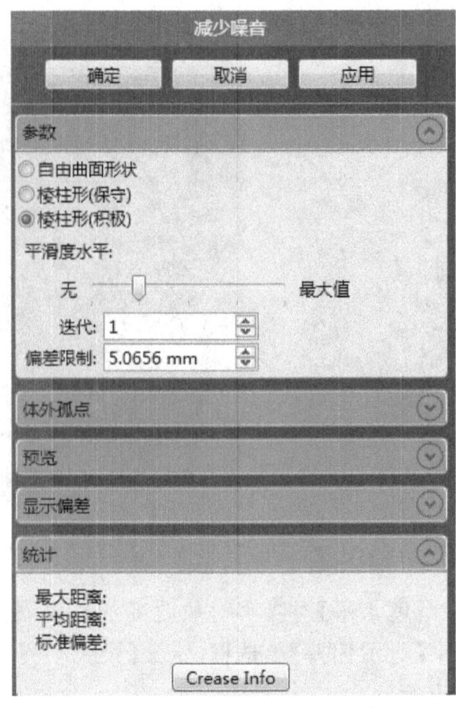

图 4-18 【减少噪音】对话框(2)

对话框中部分选项说明如下。

(1)【参数】编辑框里面有三个选择菜单和一个平滑级别滑块,一般根据载体的实际形状特征来选取参数形状,并选择平滑级别。

①【自由曲面形状】:适用于以自由曲面为主的模型,选择这种方式可以减小噪声点对模型表面曲率的影响,是一种积极的减噪方式,但点的偏差会比较大。

②【棱柱形(保守)】:适用于模型中有锐利边角的模型,可以使尖角特征得到很好的保持。

③【棱柱形(积极)】:同样适用于模型中有锐利边角的模型,可以很好地保持尖角特征,是一种积极的减噪方式,相对于【棱柱形(保守)】的方式,点的偏移值会小一些。

④【平滑度水平】:根据实际模型对平滑度的要求,灵活地选择平滑级别的大小,平滑级别越大,处理后的点云数据越平直,但这样会使模型有些失真,一般选择比较低的设置。

⑤【迭代】:可以控制模型的平滑度,如果处理效果不理想,可以适当增加迭代的次数。

⑥【偏差限制】:用于设置对噪声点进行的最大偏移值,偏差限制值根据实际情况而定,也可由自己的经验设定,一般可以设在 0.5 mm 以内。

(2)【体外孤点】编辑框,用于控制点云对象中的体外孤点,可以根据设定的阈值来选择删除体外孤点。

①【阈值】:该值用来设定系统探测孤点时选择孤点的极限值,可以根据模型的形状,以及数据扫描的具体情况来定。

②【选择】:单击此按钮系统将根据所设定的阈值,单击应用按钮后,通过计算得出模型中在阈值中的点,并以红色加亮显示。

③【删除】:当系统选中孤点并以红色加亮显示时,单击此按钮就可以将所选择的孤点删除。

④【包括孤立点】:选择此复选框系统在查找体外孤点时就会把点云中孤立的点也选择在内。

(3)【预览】编辑框,可以在选定面积中预览选择以上一些参数时点云的实际变化,有利于参数值的选择。

①【预览点】:该数值框用于确定预览区域的点的数量,可以根据具体情况而定,决定于点云的密度(单位面积内点的数目)及所想预览区域的大小。

②【采样】:确定所要的预览焦的采样距离。

③【选择面积】:可以选择模型上不同的区域来预览模型的局部变化。

(4)【显示偏差】编辑框,用不同的颜色段来显示选择以上参数后点云的偏差。

①【结果显示】:显示减噪后结果的偏差色谱。

②【颜色段】:确定偏差显示的颜色段的个数。

③【最大临界值】:设定色谱所能显示偏差的最大值。

④【最大名义值】:设定色谱所能显示偏差的最小值。

⑤【小数位数】:确定偏差值的小数位数。

(5)【统计】编辑框,用于统一显示偏差信息。

①【最大距离】:噪声点的最大偏差距离。

②【平均距离】:噪声点的平均偏差距离。

③【标准偏差】:模型点云偏移的标准偏差值。

提示:【自由曲面】选项适用于模型表面比较平滑和曲率比较小的平面,如果模型的表面有棱边或者曲率急剧变化的特征,则用【棱柱形(保守)】或【棱柱形(积极)】选项。

【平滑度水平】的值越大,模型表面就越平滑,但是如果平滑级别过大,模型的一些小特征就会被忽略。

7. 保存点云

为了防止后面的操作出现错误,先对降噪后的点云进行保存。选择菜单栏【保存】,在弹出的对话框中选择合适的保存路径,单击【保存】按钮退出命令。

8. 统一采样

单击工具栏中的【统一采样】命令,在模型管理器中弹出如图 4-19 所示的对话框。单击【绝对】选项,定义“间距”为 0.3 mm,单击【确定】按钮退出命令。

提示:(1)统一采样是在保持模型精确度的基础上减少点云数据量的大小,减少点云数据可以使数据的运算速度更快,提高运算效率。

(2)曲率优先级别要调到适当的位置,不可直接调到最大值,以免采样过程中丢失点云的表面特征。

(3)如果数据量过大(几百万或者几千万),或者在后来的封装阶段得不到理想的多边形,在载入点云的时候就可以进行一次【等距采样】。建议【等距采样】对话框中的【间距】一项选 1 mm。

主要操作命令说明——统一采样。

单击“统一采样”按钮，系统会弹出如图 4－20 所示的对话框。该命令用于在全部点云之中按统一方式进行采样，是最常用的采样方法，同时可以指定模型曲率的保持程度。

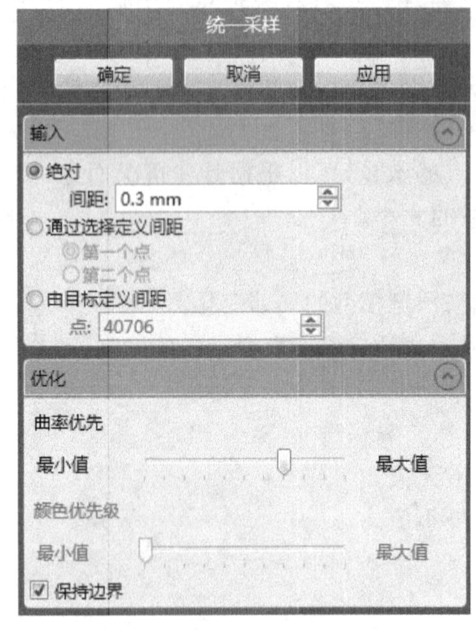

图 4－19 【统一采样】对话框

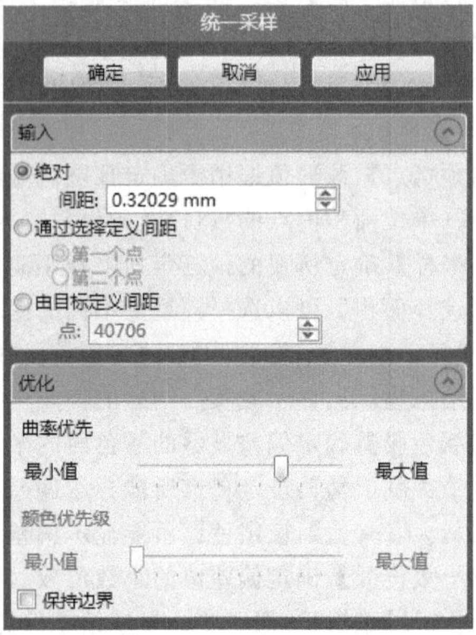

图 4－20 绝对方式统一采样

对话框中部分选项说明如下。

(1)【输入】编辑框，用来选择所要确定采样距离的方式。

①【绝对】：选择此复选框时，系统将根据在【间距】数值框中输入相应的距离值来采样。

②【通过选择定义间距】：选择此复选框时，系统将根据操作者在模型中选择的可见的两点之间的距离来确定采样距离。用鼠标在点云中选择第一点后再选择第二点来确定点间距。

③【由目标定义间距】：选择此复选框时，系统将根据操作者在点数据框中输入的采样点的数量来自动确定采样距离，采样后的点的数量就是输入的目标值。

(2)【优化】编辑框，用于在采样的同时优化点云的质量，即确定在何种程度上保持模型的曲率。

①【曲率优先】：即优化点云时在何种程度上保持模型的曲率。

②【最大值最小值滑块】：用于确定所要优化点云曲率的程度，可以根据实际需要来确定。

③【保持边界】：选择此复选框时，点云边界将保持完整，可以更好地保持模型边界的形状，建议优化时选择此复选框，对模型的特征保持比较好。

9. 封装数据

单击工具栏中的【封装】按钮，弹出【计算封装】对话框，在【封装类型】项中选择【曲面】，选中【目标三角形】单选框，设置目标三角形个数为 5 万。单击【确定】按钮，得到如图 4－21 所示的封装效果图，至此进入“多边形阶段”。

主要操作命令说明——封装。

单击工具栏中的封装图标，系统会弹出如图 4－22 所示的对话框，该命令将围绕点云进行封装计算，使点云数据转换为多边形模型。

图 4－21　封装效果图

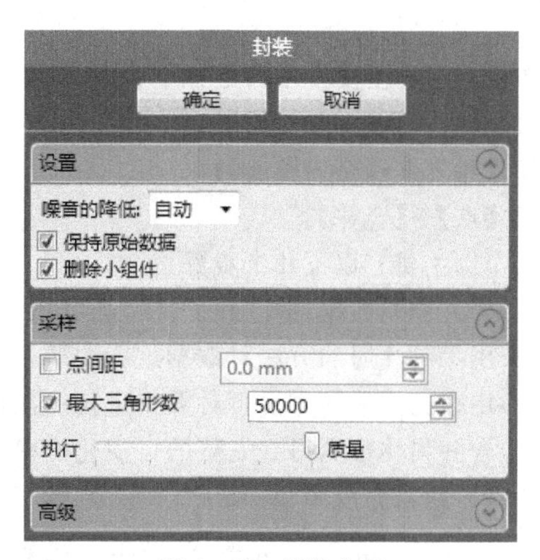

图 4－22　封装曲面

对话框中部分选项说明如下。

(1)【噪音的降低】可以对减噪的参数值进行选择，包括自动、最小值、中间、最大值 4 种方式，一般选择自动的方式。

①【保持原始数据】:选中此复选框时，系统将保留在对象模型管理器中的原始点云数据，否则将不予保留。

②【删除小组件】:在封装的过程中删除那些孤立的与主点云没有实际关系的点云，一般都选中此选项。

(2)【采样】对点云进行采样。通过设置点间距来进行采样。目标三角形的数量可以进行人为设定，目标三角形数量设置得越大，封装之后的多边形网格则越紧密。最下边的滑竿可以调节采样质量的高低，可根据点云数据的实际特性进行适当的设置。

小信息:封装后的模型是以多边形的方式显示的，如果拉近视图可以发现模型的表面是由一个个极小的三角形组成。下一步的任务就是对这些三角形进行操作。点阶段数据处理得好坏直接影响了多边形阶段的处理效果，所以点阶段要仔细耐心的操作，如果发现问题最好多试验几次。

10. 保存文件

将该阶段的模型数据进行保存。选择菜单【另存为】，在弹出的对话框中选择合适的保存路径，命名为“4－1a. wrp”，单击【保存】按钮退出命令。

4.3.2　实例 B　小熊存钱罐点云注册合并技术

数据采集过程中，当物体的面积超过扫描设备一次采集的范围时，不能一次将物体的整体点云获取，需要通过多个位置对物体进行分区扫描，从而得到物体各局部数据，这就需要对扫描数据进行注册处理，以得到模型完整的点云数据，这就是数据注册的功能。通过合并的技术操作得到多边形模型。

目标:对于同一个对象的多视图扫描数据，通过使用【手动注册】和【全局注册】技术进行对齐操作，将多个扫描数据注册成一个完整的数据模型。实例主要对点云数据注册的实现过程进行介绍，载体为一个存钱罐，通过点云的注册操作，可以得到一个完整的合并后的多边形模型。

需要运用的主要技术命令如下：

(1)【对齐】→【手动注册】;

(2)【对齐】→【全局注册】;

(3)【点】→【合并】。

本实例主要有以下几个步骤：

(1)导入原始数据，并查找公共特征区域。

(2)用手动注册的方法对数据进行注册。

(3)用全局注册的方法再对数据进行一次注册计算。

(4)合并整体数据得到完整的可视化的多边形模型。

1. 打开附带光盘中“4－2－1. wrp”文件

启动 Geomagic Studio 软件，单击工具栏上的【打开】图标，系统弹出【打开文件】对话框，查找光盘数据文件夹并选中“4－2－1. wrp”文件，然后单击【打开】按钮，在工作区显示点云数据，如图 4－23 所示。

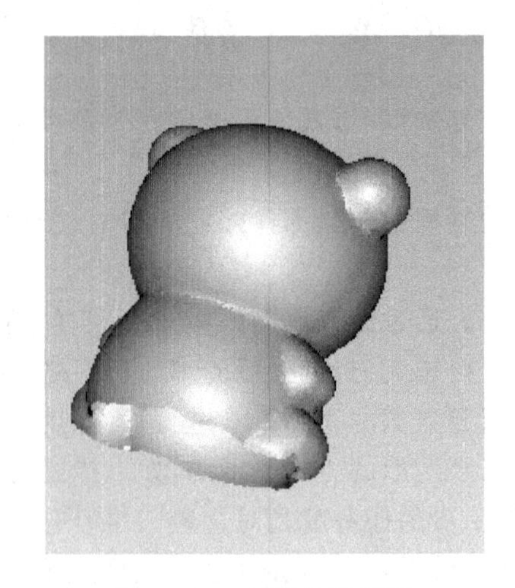

图 4－23　打开注册数据

提示：在屏幕左边的管理器面板上，有改变显示点和多边形的控制。如果导入的点云过大，单击显示面板，在【显示%(动态/静态)】中设置值为 25%。这种设置对于巨大的数组是无价的，可以选择在旋转过程中仅显示指定的百分比数据。以便提高工作的速度。在这个例子中，所有扫描数据共 67331 个左右，点云数据不大，可以不用改变显示点的数量。

2. 导入要合并的点云数据

在菜单栏中选择【导入】，弹出【导入文件】对话框，打开“4－2－2. wrp”文件，两个点云同时出现在工作区域，如图 4－24 所示。

3. 手动注册点云

确定需要注册的所有点云处于选择状态下，选择菜单栏【对齐】→【手动注册】图标，在模型管理器中弹出【手动注册】单选框，如图 4－25 所示。

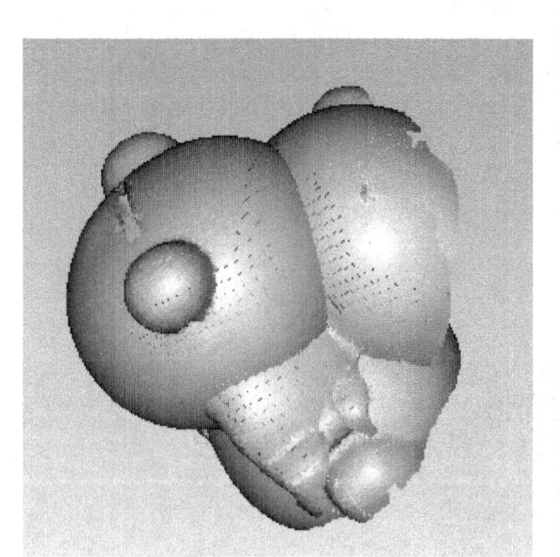

图 4-24　导入注册数据

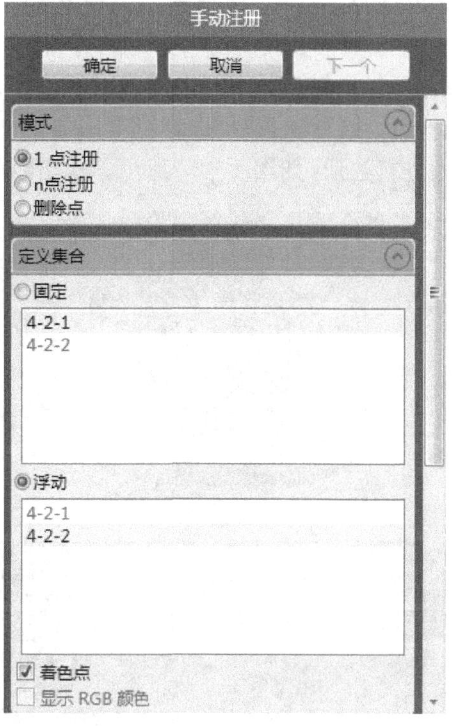

图 4-25　“手动注册”对话框

在【模式】中选择【1 点注册】，在【定义集合】的【固定】中选择【4-2-1】，在【浮动】中选择【4-2-2】，选中【着色点】。找到固定窗口和浮动窗口两个点云的公共特征点，如图 4-26 所示，选取模型上面的一个圆点作为注册对齐的点。首先在固定视图上单击该点，然后再在浮动

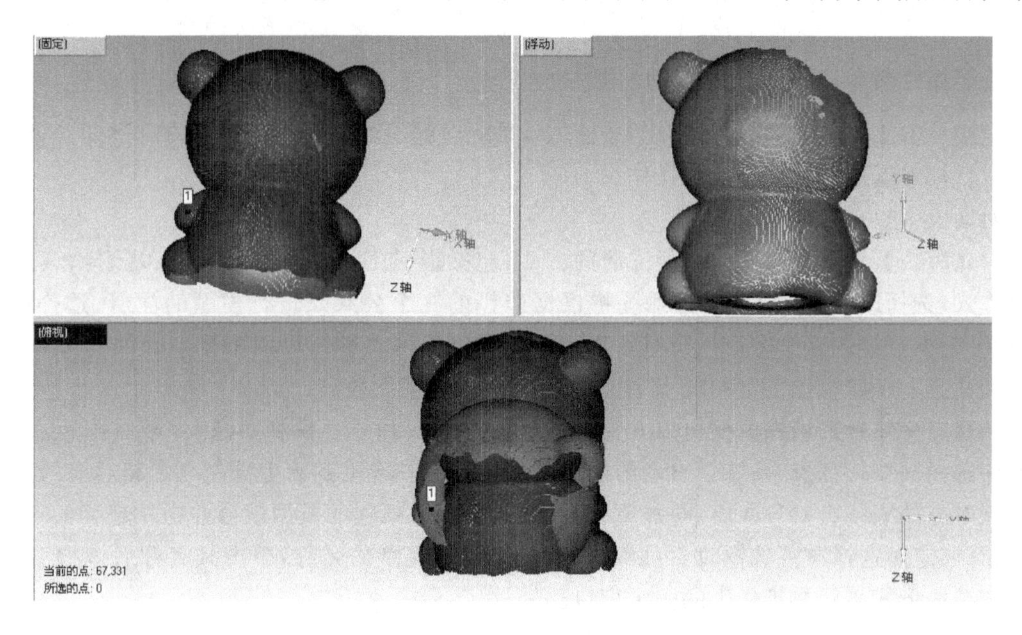

图 4-26　1 点注册数据

视图上选取该点。此时，前视窗模型就按照一定的方式自动对齐。单击【注册器】完成数据注册。

单击【下一个】按钮，继续对点云进行注册。在【模式】中选择【n 点注册】，在【固定】块中选择【4-2-1】，在【浮动】块中选择剩下的那一个点云。依次在固定视图和浮动视图中选择中间的 6 个点进行注册，如图 4-27 所示。单击【确定】按钮完成手动注册。

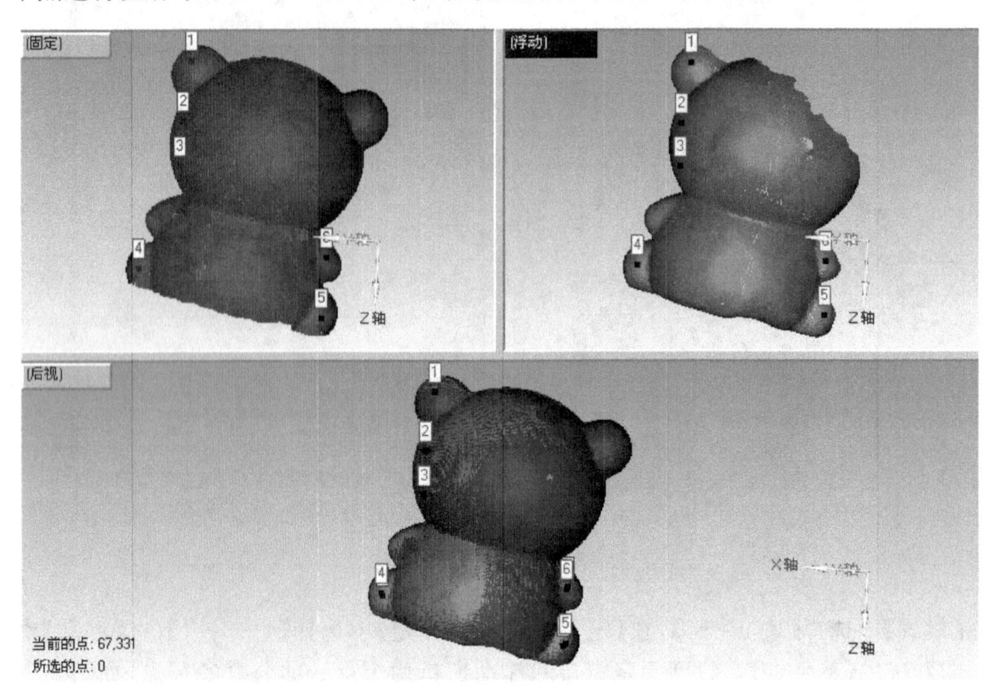

图 4-27　n 点注册数据

主要操作命令说明——手动注册。

直接单击工具栏中的【手动注册】按钮，系统会弹出如图 4-28 所示的对话框。该命令用于对目标点云进行注册合并的操作。

对话框中部分选项说明如下。

(1)【模式】：该编辑框可以选择注册的方式，包括【1 点注册】、【n 点注册】和【删除点】三种注册方式，选择【1 点注册】方式时系统将根据选择的一个公共点进行模型的注册；选择【n 点注册】时根据选择的多个特征点进行数据注册；选择【删除点】时，可以根据点云的实际特征进行灵活选择。一般情况下常用【n 点注册】方式，这样精度比较高。

(2)【定义集合】：该编辑框可以人为地选择固定模型和浮动模型对象，一般在固定点云上按顺序选择一些特征点(系统会自动给出点的序号)，并在浮动点云上选择与之相对应的点，这样相互对应的点就会对号入座，叠加重合在一起，而两块孤立的模型就合并在一起了。

①【固定】：选择该复选框时，可以选择相应的固定模型的名称，单击其名称后该模型会以红色加亮的形式显示在工作区的固定窗口。

注意： 固定模型必须是在注册的过程中保持固定的部分。

②【浮动】：选择该复选框时，可以选择相应的浮动模型的名称，单击其名称后该模型会以

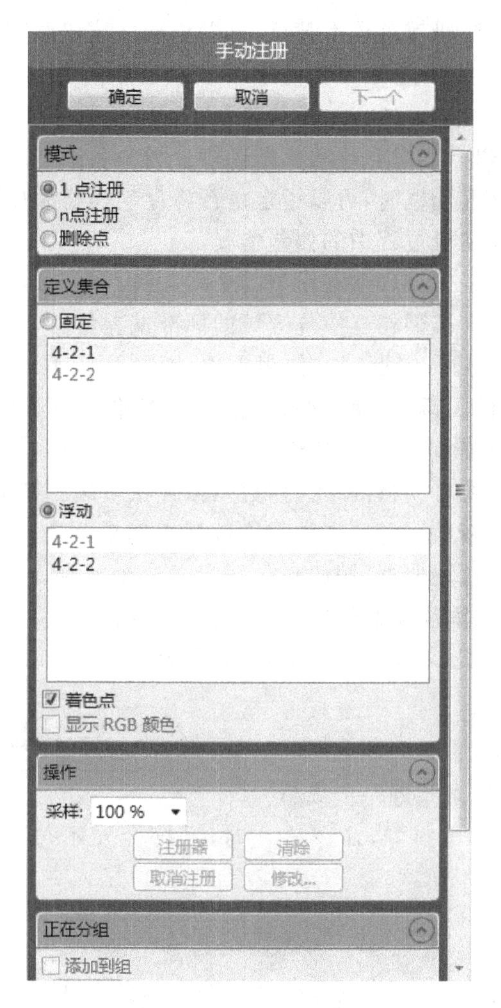

图 4-28　“手动注册”对话框

绿色的形式显示在工作区的浮动窗口。

注意： 浮动模型在注册的过程中将随固定模型进行调整。

③【着色点】：选择该复选框时，点云将以着色点的形式显示，这样更有利于看清模型的特征，便于选择注册点，推荐选择此复选框。

④【显示 RGB 颜色】：选择此复选框时，将指定是否显示模型的颜色。

(3)【操作】：该编辑框包括【采样】数值框和【注册器】、【清除】、【取消注册】、【修改】四个按钮。

①【采样】：该数值框可以指定在注册过程中所选择计算的点的数量，并在此基础上进行计算。

②【注册器】：单击该按钮时，浮动的模型将根据所选择的公共部分对固定的模型进行复合计算。

③【清除】：单击该按钮时，可以删除在模型上选定的参考点，用于模型点选择不正确的情况。

④【取消注册】:如果对注册效果很不满意,可以单击该按钮撤销已经完成的注册。

⑤【修改】:注册效果有些偏差时可以单击此按钮进行修改,可以对浮动模型的位置进行修改。

(4)【正在分组】:该编辑框用于对浮动模型进行分组命名。

①【添加到组】:选择该复选框时,可以指定是否将浮动模型添加到所分的组中。

②【统计】:用于统计在注册过程中的偏差情况。

③【平均距离】:显示固定模型和浮动模型的平均距离。

④【标准偏差】:表示两个模型相互重叠区域的标准偏差值。

提示:当使用【1 点注册】时,接近的方位很重要,否则注册不能正确工作。尽量选择好的点是获得较好的对齐效果的关键,以使它们正确地位于零件的相同位置。如果选的点不理想,可以单击 Ctrl+Z 组合键来撤销上一次选择。

一旦选了两个点,软件将自动将两个扫描数据拟合在一起。如果模型的方位相似,选择的点接近,下面的主窗口将更新显示对齐了的扫描数据。如果两个扫描数据出现了不正确地对齐,但还比较接近,可以单击【注册器】按钮来重新定义这个拟合。如果模型离得很远,或许选择的点不够好,那么单击【取消注册】,然后重新选择注册点。

在计算的过程中,按下 Esc 键将会停止当前的命令。

4. 全局注册

选择菜单【对齐】→【全局注册】图标,弹出【全局注册】复选框,单击【应用】按钮。扫描数据经过重新计算使对齐的误差进一步减小。

如果在每次扫描多选框里打勾,命令停止时,系统会显示每次扫描的偏差,如图 4-29 所示。

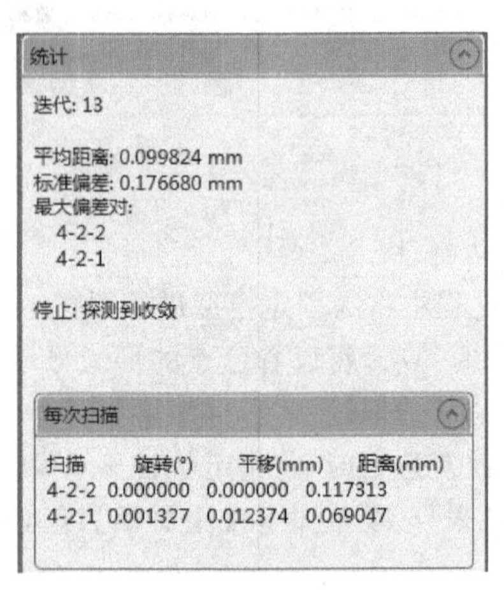

图 4-29 全局数据注册

为了检查扫描数据,单击【分析】图标。设置【密度值】为【完全】,单击【计算】按钮,计算之后会显示如图 4-30 所示的对齐偏差色谱图。

选择【单个对象】单选框,用箭头来查看每个扫描数据的对齐情况。单击【确定】按钮,接受当前对齐情况。

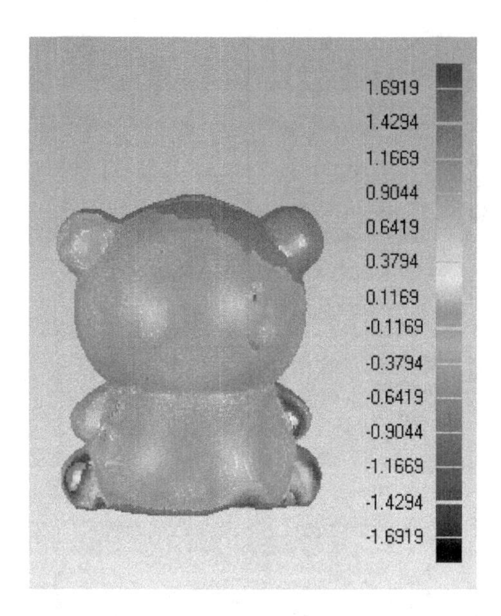

图 4-30　对齐偏差色谱图

主要操作命令说明——全局注册。

直接单击工具栏中的【全局注册】按钮，系统会弹出如图 4-31 所示的对话框。该命令是对目标点云进行全局注册操作，由于手动注册之后，点云之间的定位还存在一定的误差，这就要求对手动注册后的点云进行一次全面的、整体的位置调整即进行全局注册。它可以对以前手动注册的两个或两个以上的模型(点云或多边形)进行重新定位，可以使模型按照其相交区域将不同的对象以更完好的方式进行注册。

该对话框有两个工作模块：注册模式和分析模式。注册模式主要用于数据全局注册时的偏差控制，对之前注册的两个或两个以上对象进行重定位；分析模式主要用于分析被注册对象的偏差指标。

当选择注册模式时，对话框如图 4-31 所示，对话框中部分选项说明如下。

(1)【控制】编辑框包含参数的设置和其他的注册控制菜单。

①【公差】：用于设定注册的不同对象指定点之间的平均偏差，如果计算超过此偏差，则迭代过程停止。

②【最大迭代数】：指定计算的最大迭代次数，即让迭代计算的次数在小于等于此值时即达到所要求的公差范围。

③【采样大小】：从每个注册对象上指定注册点的数量，这些点将被用来控制注册的过程，采样点数设置得比较少时可以使注册的速度提高，但注册准确性降低；采样点设置得比较多时可以提高注册的准确性，但计算速度相对减慢。所以要根据具体情况确定采样的点数。

④【更新显示】：选择此复选框时可以实时显示被注册对象的可视面积在注册过程中的注册效果，当取消此复选框可使处理速度提高。

⑤【对象颜色】：选择此复选框时将以对比鲜明的颜色显示每个注册对象。

⑥【滑动控制】：选择此复选框时将使对象的特征部分不会产生较大的偏差。

图 4-31　全局注册注册模式

⑦【限制平移】:选择此复选框时可以设定对象允许的最大平移值,当滑移控制和平移控制同时选择时,将以较小值为准。

⑧【应用特征限制】:选择此复选框时,可以将已进行过手动注册过的模型用基准面来限制注册偏差值。

⑨【强度%】:指设定的目标注册体与被注册面间的贴合程度,低强度时将优先考虑目标注册体的面,高强度时将使被注册面紧密地贴合在目标注册体的面上,但可能会破坏被注册面的表面。所以强度值应该视具体情况而定。

⑩【显示"特征群集统计数据"】:选择此复选框时,可以在控制模型的可视面积内分为各个簇来显示偏差量。

⑪【平均距离】:选择此复选框时,可以控制每个目标簇之间的平均距离。

⑫【最大距离】:选择此复选框时,可以显示模型目标簇间距离最大的两个簇。

(2)【统计】编辑框用于统计数据注册后的偏差值。

①【迭代】:统计数据注册过程中计算的迭代次数。

②【平均距离】:统计注册对象间的平均距离。

③【标准偏差】:表示两个模型相互重叠区域的标准偏差值。

④【最大偏差对】:指注册中最大偏差的一对点云对象。

当选择分析模式时对话框如图 4-32 所示,对话框中部分选项说明如下。

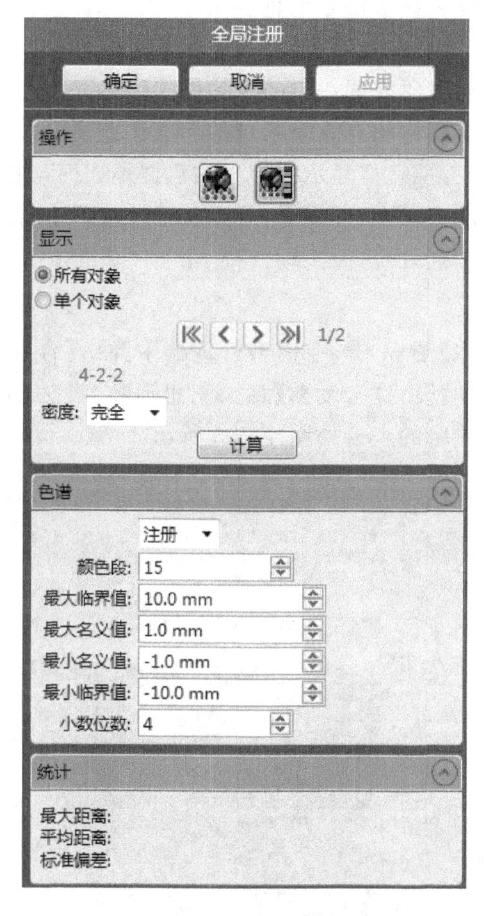

图 4-32　全局注册分析模式

(1)【显示】编辑框主要用来显示注册后的分析图谱并设定相应参数。

①【所有对象】:选择此复选框时,将分析所有的对象。

②【单个对象】:选择此复选框时,可以对所选择的单个模型对象进行分析。

③【滚动箭头】:使用滚动箭头可以对模型的对象进行逐个分析。

④【密度】:该选择项用于显示密度值,下拉菜单中有低、中间、高和完全 4 种方式。

⑤【计算】:单击此按钮时,系统将对选定的对象进行偏差计算,并将计算结果以偏差图谱的形式显示。

(2)【色谱】编辑框用来设定图谱的显示参数。其下面的各个值将在计算后自动地显示调整,也可以人为地更改参数值。

①【颜色段】:设定偏差显示色谱的颜色段数。

②【最大临界值】:该选项用于设定色谱所能显示的最大偏差值。

③【最大名义值】:色谱中从 0 开始向正方向第一段色谱的最大值。

④【最小名义值】:色谱中从 0 开始向负方向第一段色谱绝对值的最大值。

⑤【最小临界值】:该选项用于设定偏差的最小临界值。

⑥【小数位数】:该选项用于设定偏差显示值的小数部分的位数。

(3)【统计】编辑框用于统一显示偏差信息。

①【最大距离】:注册点云间同一点的最大偏差距离。

②【平均距离】:注册点云对象间同一点的平均偏差距离。

③【标准偏差】:表示两个模型相互重叠区域的标准偏差值。

提示:一旦系统计算完成,视窗将显示每个扫描数据是如何与它的邻居关联的。回顾扫描数据,观察是否有扫描数据没有对齐:如果有,可以从全局注册中将这个扫描数据拖出组外,然后重新注册在其他扫描数据的后面。

5. 合并数据

选择菜单栏【点】→【合并】图标,在模型管理器中弹出【合并】复选框。将【局部噪音减低】设为【无】,【全局噪音减少】设为【自动】,【最大三角形数】设为【50000】,其他按默认值。单击【确定】进行合并处理,合并后的点云如图 4-33 所示。

主要操作命令说明——合并。

图 4-33　合并数据

执行【点】→【合并】命令按钮,系统会弹出如图 4-34 所示的对话框。该命令用于合并两个或两个以上的点云数据为一个整体,并且自动执行点云减噪、统一采样、封装、生成可视化的多边形模型,多用于注册完毕之后的多块点云之间的合并。

对话框中部分选项说明如下。

(1)【设置】编辑框用于设置合并时各项的属性。

①【局部噪音减低】:有 4 种减低方式(无、最小值、中间、最大值),确定局部噪声减少的程度。

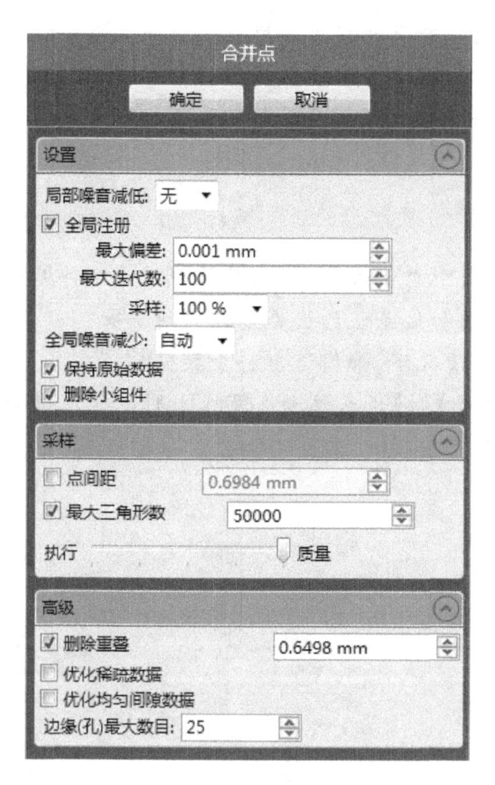

图 4－34　【合并】对话框(2)

②【全局注册】:选择此复选框,将在合并的过程中加入全局注册的效果。

③【最大偏差】:指定被注册的模型相对应点间的最大偏差距离。

④【最大送代数】:此值的范围为 1～1000,指定在实现注册的过程中偏差点达到最大偏差可以进行迭代计算的次数。

⑤【采样】:指定采样点的百分比数,可以设置为 5%、10%、25%、50%和 100%。

⑥【全局噪音减少】:指定在全局注册和合并操作中减少噪声的程度,有 5 个值,分别是无、最小值、中间、最大值,自动。可以根据实际情况进行选择。

(2)【采样】编辑框指定在合并过程中数据的采样方法和数据的减少程度,可以有效地降低数据量。

①【点间距】:选中此复选框,系统将按指定的点间距来对点对象进行采样。

②【最大三角形数】:选中此复选框时,系统将按指定的理想目标三角形的数量进行采样。

③【执行质量滑块】:只有基于目标三角形的数目进行采样时该滑块才可用,选择的执行质量越高,生成三角形的质量越高。可以根据实际情况进行选择。

6. 保存文件

将该阶段的模型数据进行保存。选择菜单【另存为】,在弹出的对话框中选择合适的保存路径,命名为“4－2a. wrp”,单击【保存】按钮退出命令。

本章小结

通过以上命令功能的介绍,使我们对点阶段的各个操作命令有了初步的理解,再经过两个实例的学习使我们对各个操作命令的实际运用有了进一步的掌握。实例中包括点阶段技术操作技巧和实际经验的介绍。而这些实际应用技巧的掌握(如降噪中由于各种参数设定获得不同效果)需要在实际的操作中不断尝试,以得到相关的处理结果。

思考题

1. 减少噪声时,参数选项中自由曲面形状、菱柱形对应哪种模型作选择?

2. 降噪操作中,平滑级别和偏差值的设置如何达到平衡?

3. 点云数据局部缺失的情况下,如何进行补全数据?

4. 数据注册中【1 点注册】和【n 点注册】有何区别? 如何通过多点注册提高数据拼接精度?

第5章　Geomagic Studio 多边形阶段处理技术

学习目标

通过技术实例的创作和学习，掌握 GeomagicStudio 多边形阶段技术命令的基本操作，理解各个技术命令的功能和操作方法；通过效果图片使读者更加直观和清晰地看到各个操作命令的实际效果，从而更快地掌握多边形阶段的操作。

掌握多边形阶段的基本技术命令，学会用填充孔的命令为模型补充缺失的数据，掌握对模型的一些特征修改操作，学会对模型进行锐化，熟悉边界的处理，包括边界的编辑和孔的创建等操作，为点云的精确曲面阶段的处理做准备。

学习要求

能力目标	知识要点
掌握多边形阶段的形状处理	创建流形、填充孔、去除特征、砂纸、松弛、简化、锐化和平面截面
学会对多边形模型的边界处理	编辑边界、创建/拟合孔、伸出边界、投影边界到平面
通过实例操作过程总结操作方法	通过实例熟悉各个技术命令的使用方法

5.1　多边形阶段基本功能介绍

GeomagicStudio 多边形阶段是在点云数据封装后进行一系列的技术处理，从而得到一个完整的理想多边形数据模型，为多边形高级阶段的处理以及曲面的拟合打下基础。其主要思路及流程是：首先根据封装多边形数据进行流形操作，再进行填充孔处理；去除凸起或多余特征，将多边形用砂纸打磨光滑，对多边形模型进行松弛操作；然后修复相交区域去除不规则三角形数据，编辑各处边界，进行创建或者拟合孔等技术操作。必要的时候还需要进行锐化处理，并将模型的基本几何形状拟合到平面或者圆柱，对边界进行延伸或者投影到某一平面，还可以进行平面截面以得到规整的多边形模型。

GeomagicStudio 多边形阶段基本操作流程图如图 5-1 所示。

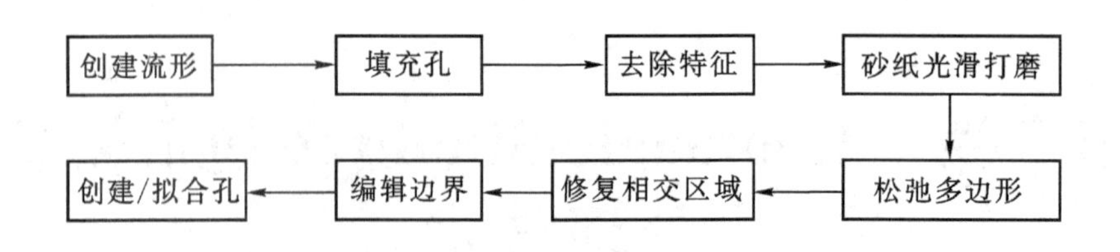

图 5-1　多边形阶段基本操作流程图

5.2　多边形阶段主要操作命令列表

多边形阶段的主要操作命令在菜单【多边形】下。单击工具栏中的图标可完成操作，如图 5-2 所示为多边形工具栏命令。

图 5-2　多边形工具栏命令

图 5-2 所示的多边形工具栏其对应命令如下：

(1)删除；　(2)网格医生；　(3)简化；
(4)裁剪；　(5)流形；　(6)去除特征；
(7)重划网格；　(8)松弛；　(9)删除钉状物；
(10)减少噪音；　(11)快速光顺；　(12)砂纸；
(13)填充孔；　(14)合并；　(15)曲面片；
(16)雕刻；　(17)抽壳；　(18)偏移；
(19)编辑边界；　(20)松弛边界；　(21)创建/拟合孔；
(22)锐化向导。

多边形阶段其他的技术命令如下：

(1)伸出边界；　(2)投影边界到平面；　(3)雕刻曲面；
(4)浮雕曲面；　(5)编辑多边形；　(6)创建基准；
(7)创建特征；　(8)基本几何形状；　(9)拟合到平面；
(10)拟合到圆柱。

5.3　多边形阶段应用实例与处理技术

点云数据经过封装处理后，就进入多边形阶段。在多边形阶段可以根据需求对模型进行各种技术处理，得到理想的多边形模型，下面根据应用实例的创作过程对这些技术命令进行介绍。

5.3.1　实例 A　存钱罐多边形初级阶段应用实例

目标：以存钱罐模型为载体，对存钱罐进行多边形初级阶段的基本处理，熟悉初级阶段常用的技术命令。通过创建流形、填充孔、简化多边形、砂纸打磨、去除特征、编辑边界、松弛边界、松弛多边形和修复相交区域等基本操作实现多边形网格的规则化，使载体表面变得光滑平坦，并得到一些理想的边界曲线，为多边形高级阶段的处理以及曲面的拟合打下基础。

本实例所用到的技术命令如下：

(1)【多边形】→【简化多边形】；

(2)【多边形】→【填充孔】；

(3)【多边形】→【去除特征】；

(4)【多边形】→【砂纸】；

(5)【多边形】→【松弛多边形】；

(6)【多边形】→【网格医生】；

(7)【多边形】→【松弛】；

(8)【多边形】→【编辑边界】；

(9)【多边形】→【创建/拟合孔】。

本实例的操作有以下几个主要步骤：

(1)补充载体缺失的数据，使载体变得完整。

(2)处理多边形表面，去除相交三角形并使三角形分布更均匀。

(3)通过对三角形的处理使载体表面变得光滑，去除不需要的特征。

(4)通过编辑得到光顺的边界曲线。

1. 打开附带光盘中的“5－1. wrp”文件

启动 Geomagic Studio 软件，单击标题栏上的【打开】图标。系统弹出【打开文件】对话框，查找光盘数据文件夹并选中“5－1. wrp”文件，然后单击【打开】按钮，在工作区显示载体，如图 5－3 所示。

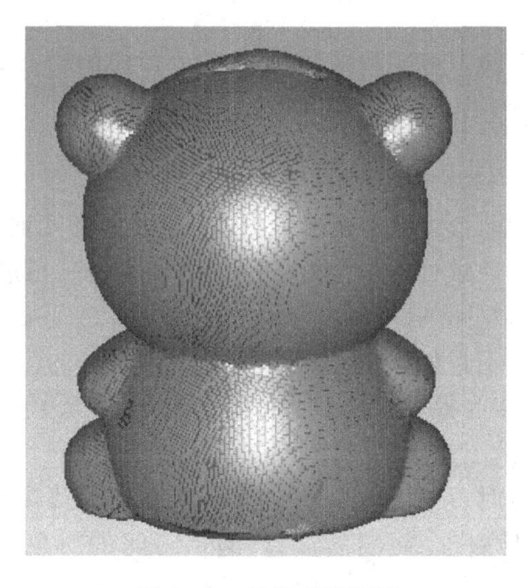

图 5－3　封装后的数据

提示：可以通过按住鼠标中键或按压 Ctrl＋鼠标右键旋转点云视图，通过推动滚轮来改变视图的大小，通过按住 Alt＋鼠标右键来移动视图位置。工作区左下角显示点云数据量，可以查看点云的大小。单击菜单【视图】→【适合视图】或单击工具栏【适合视图】图标来拟合对象视图大小到目前视图框中，也可以用 Ctrl＋D 组合键来快速执行这个功能。

2. 隐藏点云，显示多边形模型

从图 5-3 可以发现有灰色和蓝色两组数据同时出现在主窗口中。这是因为灰色的点云模型和蓝色的多边形模型同时显示出来。为了方便观察多边形模型，将点云模型进行隐藏。如图 5-4 所示，在左侧模型管理器中右击小熊，选择【隐藏】，即可将点云隐藏，这样视图窗口只显示了多边形，在模型管理器中，点云图标变成蓝色，如图 5-5 所示。

图 5-4　隐藏点云

图 5-5　显示的多边形模型

3. 创建流形

为了删除模型上一些非流形的三角形，先对多边形阶段的模型创建流形。选择菜单栏，单击工具栏上【开流形】按钮。

主要操作命令说明——流形。

该命令用于删除模型中非流形的三角形数据，这一命令极其重要。一般在多边形阶段处理，首先要创建流形，否则在后续处理中会由于存在非流形的三角形而无法进行处理，它有两种创建模式：(1)打开的；(2)封闭的。

当多边形模型是片状而不封闭时，这时可以创建一个打开的流形，执行【多边形】→【流形】→【开流行】的命令时，系统将为模型创建一个打开的流形，即从开放的对象（自由曲面为主的开放性载体）中删除非流形的三角形。

当多边形模型是封闭的时，可以创建一个封闭的流形，执行【多边形】→【流形】→【闭流行】的命令时，系统将为模型创建一个封闭的流形，即从封闭的对象中（封闭体）删除非流形三角形。

4. 填充孔

单击工具栏上的【填充单个孔】按钮。可以根据孔的类型选择不同的方法进行填充，孔的填充方法有三种：

(1)内部孔；

(2)边界孔；

(3)搭桥。

主要操作命令说明——填充单个孔。

执行【多边形】→【填充单个孔】命令，该命令用于填补进入多边形阶段由于数据基本点稀疏所造成的空缺，此功能还能探测空洞、构造多边形网格、修补周边区域，如图 5－6所示。

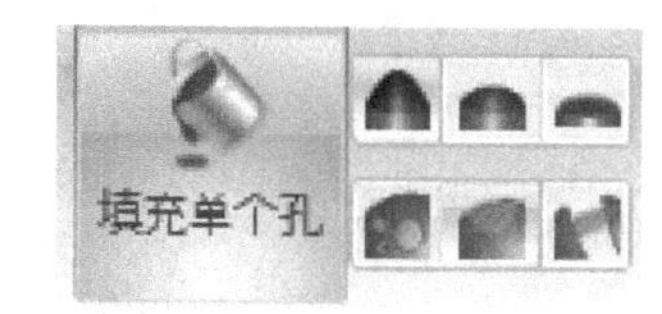

图 5－6　填充单个孔

命令中部分选项说明如下：

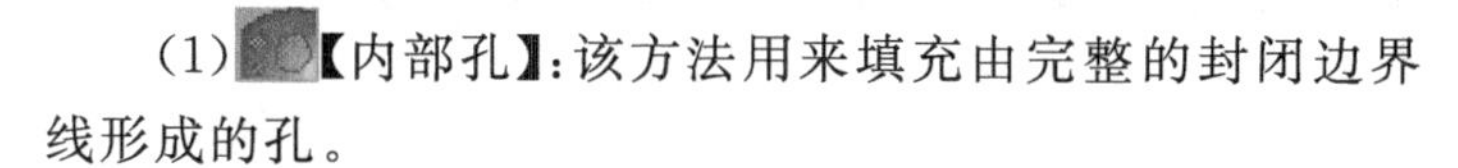

(1)【内部孔】：该方法用来填充由完整的封闭边界线形成的孔。

(2)【边界孔】：单击该按钮就可以填充部分孔，包括边界缺口或圆周孔的一部分。

具体的操作提示，首先指定第一个点，然后指定第二个点，最后指定由这两个点所在边界完成一个区域的选择，左击边界线完成区域不完整孔的填充。

(3)【搭桥】：该方法可以通过生成跨越孔的桥梁从而将长窄孔分割成多个孔并分别填充。这种方法可以直接填充悬空部分的区域，不需要指定边界，只需指定桥的两个端点即可。

(4)【基于曲率的填充】：选择该方法填充时将主要考虑匹配周围的曲率，并根据曲率的过渡进行填充。

(5)【基于切线的填充】：选择该方法填充时将主要考虑匹配周围的曲率，但具有大于曲率的尖端。

(6)【基于平面的填充】：选择该方法填充时将主要考虑区域大致平坦。

(7)【全部填充】：选择此复选框可以一次性填充所有探测到的孔。

在此实例中，首先填充完整孔。如图 5－7 所示，单击孔的红色边缘，模型中缺失的数据就会按照一定的数学规律被重新补上，如图 5－8 所示。该方式适用于边界完整的孔的填充。

图 5－7　孔填充前

图 5－8　孔填充后

如要填充边界孔，在工具栏中选择按钮，如图 5－9 所示，在边界上分别选择第 1 点和第 2 点，边界被分成红色和绿色两部分，然后单击要填充的那部分所包含的边界，生成如图 5－10所示的填充效果。该方法多用于边界上的孔的填充。

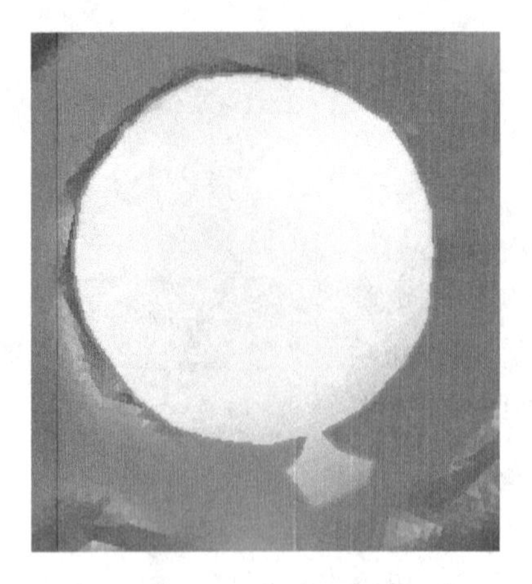

图 5-9　孔填充前

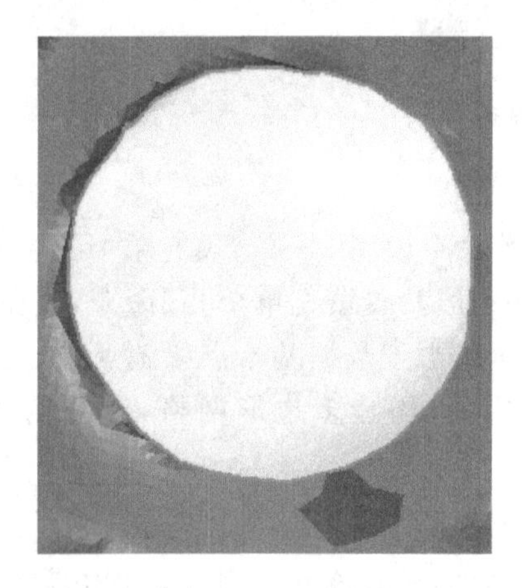

图 5-10　孔填充后

如要填充生成桥，在工具栏中选择按钮，在模型狭长边界的一个边界上选择一点，如图 5-11 所示，然后在另一个边界任意地方单击鼠标左键一次，填充的数据模型如图 5-12 所示。

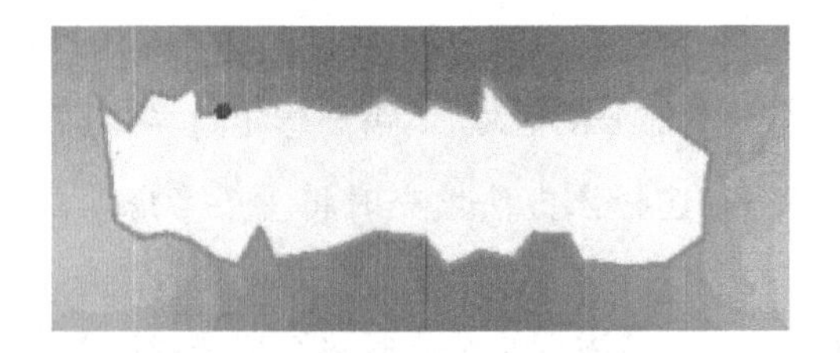

图 5-11　单边桥接点选取

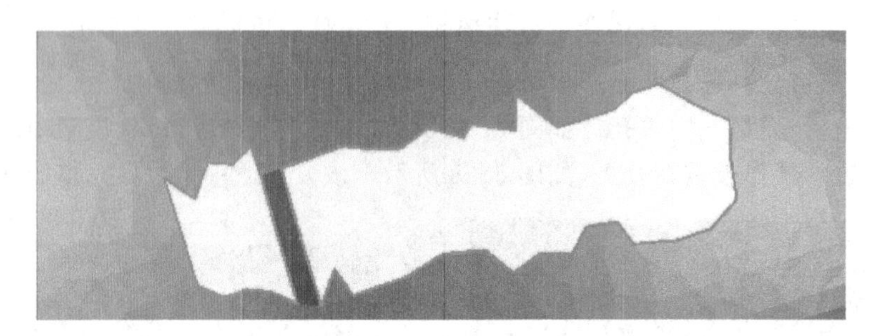

图 5-12　单边桥接完成

提示：

(1)对于比较规则的完整孔可以采用一次全部填充的方法进行填充以提高效率。

(2)一般在填充时需要选中【基于曲率】单选框填充来保证填充后模型局部特征的恢复。

(3)对于模型上原有的特征孔要予以保留，不可盲目地进行全部填充。

5. 简化多边形

单击工具栏上【简化多边形】按钮。在模型管理器中弹出如图 5-13 所示的对话框。

简化多边形有两种模式：

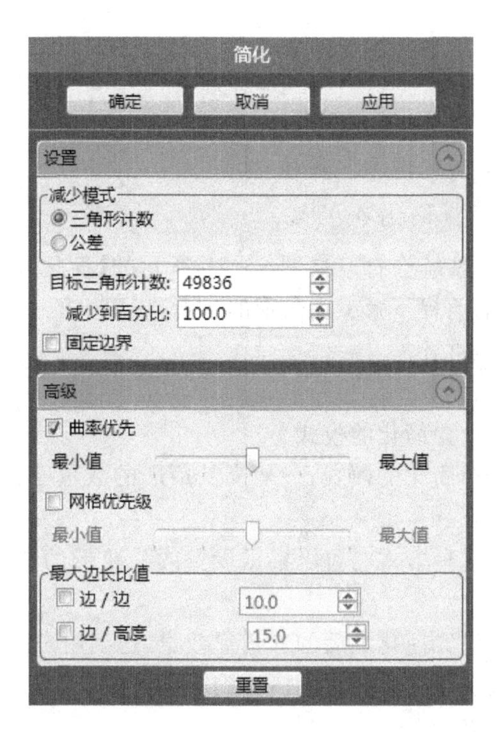

图 5-13 【简化多边形】对话框

(1)基于减少三角形数量,即用更少的三角形来表示模型载体。

(2)基于公差的限制,对三角形进行移动与合并。

在此,我们选择基于【三角形计数】的模式,选中【固定边界】单选框,设置【减少到百分比】为 80%,选中【曲率优先】复选框,单击【应用】按扭,可以看到主窗口左下角显示的三角形的数量会有所减少。如图 5-14、图 5-15 所示为简化多边形前后的对比效果,发现多边形变得明显比简化之前稀疏。

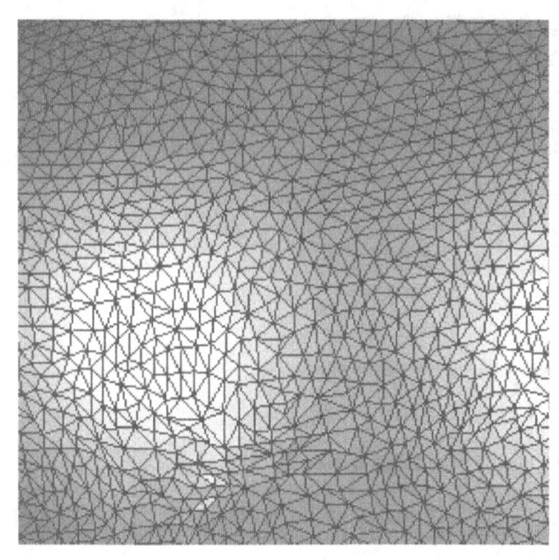

图 5-14 简化前的多边形

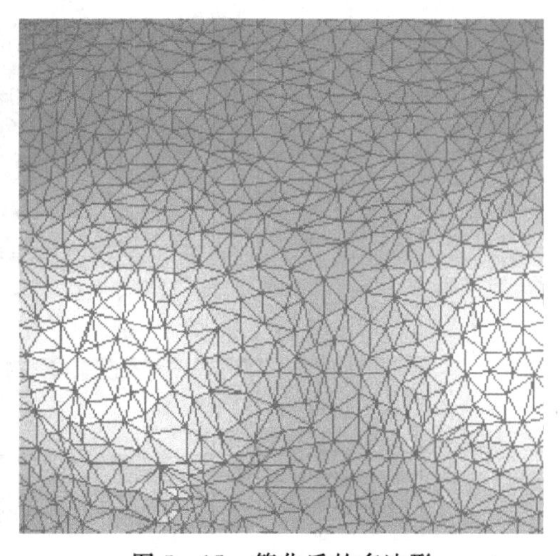

图 5-15 简化后的多边形

提示：

（1）简化时选中【曲率优先】复选框，这样能够保证简化之后，模型的特征与原模型保持一致，防止变形。

（2）简化程度不要太大，防止模型失真变形。

主要操作命令说明——简化多边形。

单击【简化多边形】，系统会打开如图 5-20 所示的【简化多边形】对话框，该命令用于在不妨碍表面细节和颜色的前提下减少三角形的数量，用更少的三角形来表示多边形物体，在数据量比较大时该命令尤为重要。

对话框中部分选项说明如下。

（1）【设置】对话框用于设置简化的模式。

①【减少模式】：用于选择简化的模式，一是按三角形的数量变化来进行简化，二是根据公差大小来简化。

②【三角形计数】：选择这种方式时可以根据设置的三角形的数量或减少的三角形数量的百分比来减少数目。

③【目标三角形计数】：设置简化之后的三角形数量，达到用户的要求。

④【减少到百分比】：直接设定百分比的值达到简化目的。

⑤【公差】：指定简化公差。

⑥【固定边界】：选择恢复选框可以使模型边界不会有较大变形。

（2）【高级】对话框用于设置简化时的优先参数。

①【曲率优先】：调整适当值来确保按照匹配周围曲率分布情况来进行简化的程度。

②【网格优先】：调整适当值来确保按照网格排布情况进行简化的程度。

6. 砂纸打磨与去除特征

单击工具栏中的【砂纸】按钮，在模型管理器中弹出如图 5-16 所示的【砂纸】对话框，选择【松弛】单选框。

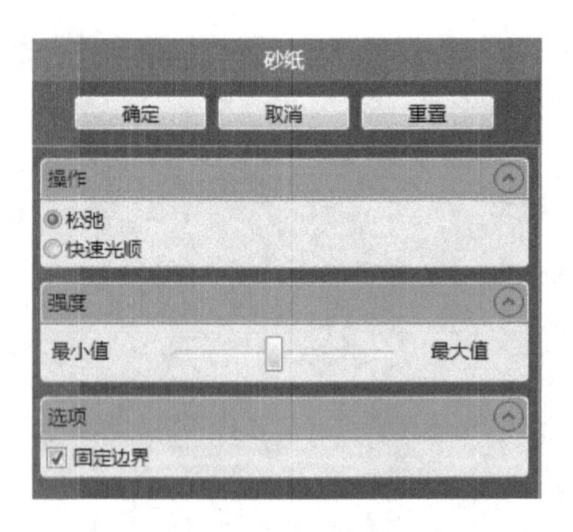

图 5-16 【砂纸】对话框

将【强度】值设在中间位置，按住鼠标左键在需要打磨的地方左右移动即可。最好选中【固定边界】多选框，防止打磨强度过大，出现局部严重变形。打磨前、后的效果如图 5-17 和

图 5－18所示。

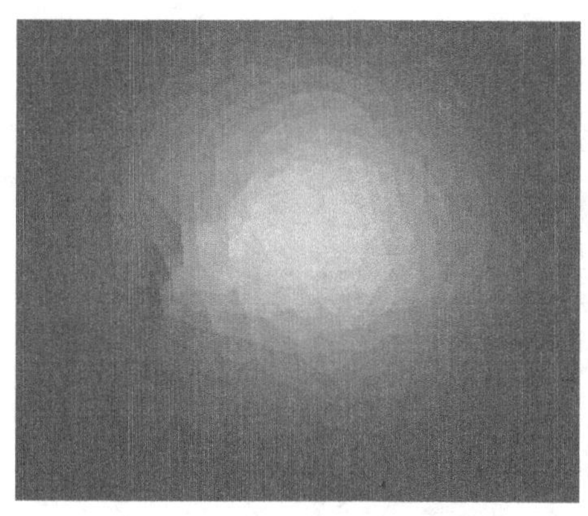

图 5－17　打磨前

图 5－18　打磨后

主要操作命令说明——砂纸。

单击【砂纸】按钮，系统会打开如图 5－16 所示的【砂纸】对话框，该命令是用重建多边形网格的方法来去除污点以及用不规则的三角形网格来使表面更加平滑，使三角形网格更加规整。

操作时按住鼠标左键在不规则区域移动，直至达到要求。

对话框中部分选项说明如下。

(1)【松弛】：通过松弛表面多边形来达到去除局部特征的目的。

(2)【快速光顺】：通过光顺表面不规则三角形来达到去除特征的目的。

(3)【强度】：用于设置打磨的程度，值越大，特征去除越明显，但是表面特征也会失真地越明显，一般强度值选为适中即可。

执行去除特征时，首先选取需要去除特征的三角形，再单击【去除特征】按钮。如图 5－19 和图 5－20 所示为去除特征前后的效果对比图。

图 5－19　特征去除前

图 5－20　特征去除后

主要操作命令说明——去除特征。

该命令用于删除模型中不规则的三角形区域，并且插入一个更有秩序且与周边三角形连接更好的多边形网格。但必须先用手动的选择方式选择需要去除特征的区域，然后单击【去除特征】按钮即可。

提示：操作前一定要适当选取需要去除特征的三角形区域，选取范围不可过大，因为可能存在非常不理想的三角形，导致操作无法正常进行。因此建议采用多次选取、多次去除的方法。

7. 编辑边界

单击工具栏【编辑边界】按钮，弹出如图 5-21 所示的【编辑边界】对话框。

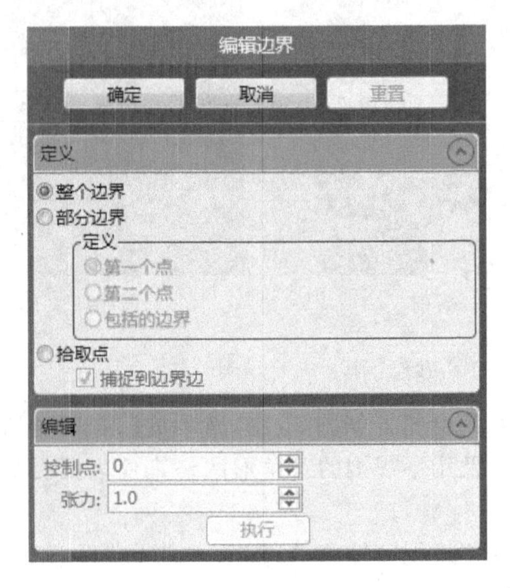

图 5-21 【编辑边界】对话框

编辑边界有 3 种基本模式：

(1)整个边界——直接选中需要编辑的边界，输入控制点的个数和张力值即可。

(2)部分边界——选中两个点之间的边界进行编辑，同样需要输入控制点的个数和张力大小。

(3)拾取点——通过拾取多个控制点来确定一个理想的边界。

首先，选中【部分边界】单选框，在边界上选取两个点，如图 5-22 所示，选取中间需要编辑的部分，设置【控制点】为 3，单击【执行】按钮，生成如图 5-23 所示的边界效果，边界变得较为平滑一些。

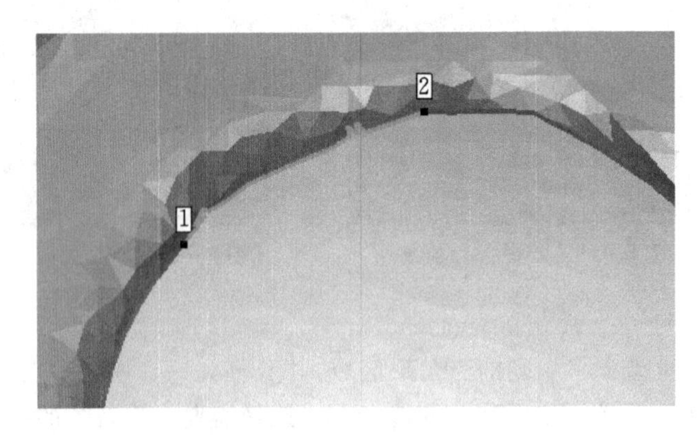

图 5-22 点的选取

图 5-23 编辑后的边界

然后，选中【整个边界】单选框，选择下面的整个圆的边界，设置【控制点】为 20，单击【执行】按钮，生成如图 5-24 所示的较为规整的圆，单击【确定】按钮，退出对话框。

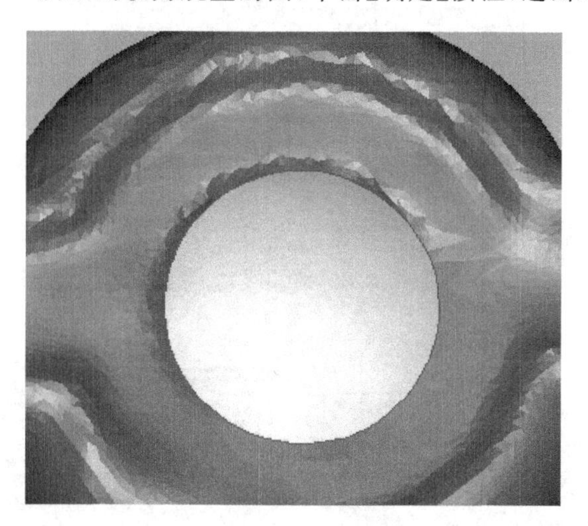

图 5-24 整个边界编辑后

主要操作命令说明——编辑边界。

单击【编辑边界】按钮，系统会打开如图 5-21 所示的【编辑边界】对话框，该命令用于通过重建多边形网格来使锯齿状或不规则的自然边界变得平滑。

对话框中部分选项说明如下。

(1)【定义】对话框用于定义选择边界的方法。

①【整个边界】：直接选中需要编辑的边界，通过直接输入控制点个数和张力的大小来使边界变得顺滑。

②【部分边界】：通过选择两个点和两点之间的边界来选中需要编辑的边界，然后输入控制点个数和张力大小来使局部边界变得顺滑。

③【拾取点】：通过拾取多个控制点来确定一个理想的边界。

(2)【编辑】对话框用于编辑边界。

①【控制点】：可以设置边界的控制点数目，控制点数越多越接近原形状。

②【张力】:设置的张力越大边界越平直。

提示:确定一条直线最少需要两个点,因此输入的控制点应不少于两个点。

8. 松弛边界

单击工具栏上的【松弛边界】按钮,系统弹出如图 5-25 所示的【松弛边界】对话框。松弛边界分为两种模式:(1)松弛整个边界;(2)松弛部分边界。

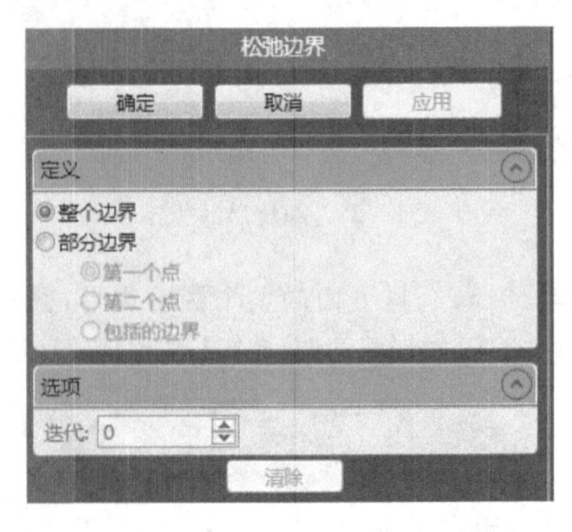

图 5-25 【松弛边界】对话框

首先,选中【部分边界】单选框,在存钱罐的投币口边界上选择两个点,如图 5-26 所示,选择要松弛的那部分边界,设置【迭代】值为 40,单击【应用】按钮,如图 5-27 所示,那部分边界变得较为平滑。

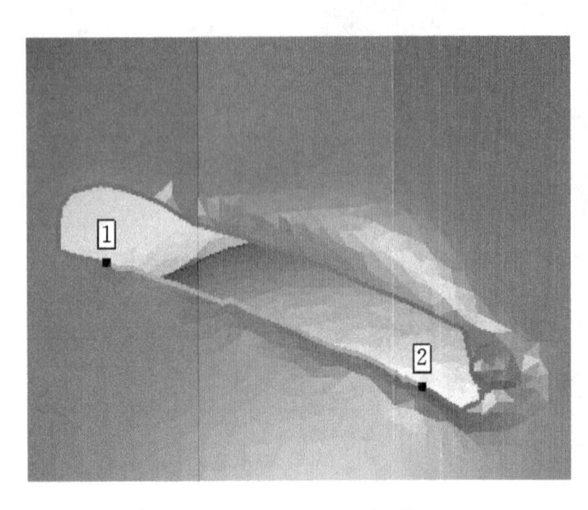

图 5-26 松弛边界前

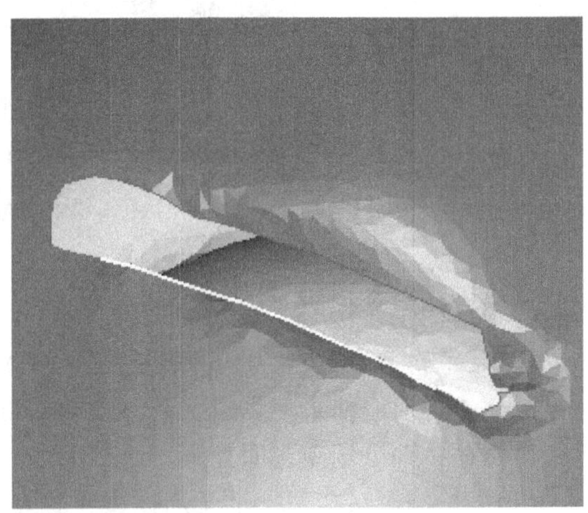

图 5-27 松弛边界后

然后,选中【整个边界】单选框,选择如图 5-28 所示的整个边界,设置【迭代】数值为 30,单击【应用】按钮,松弛后的边界如图 5-29 所示。

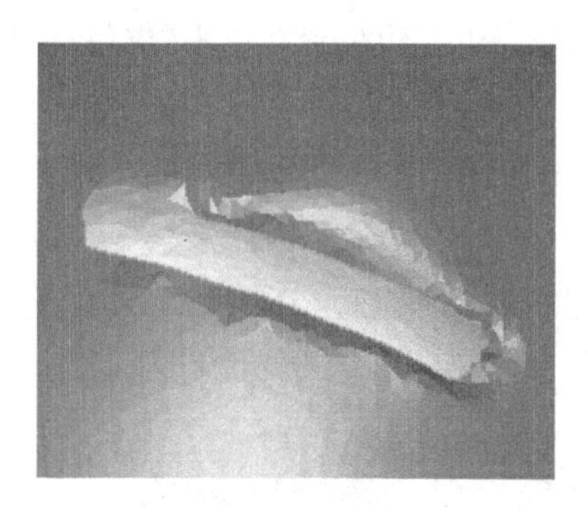

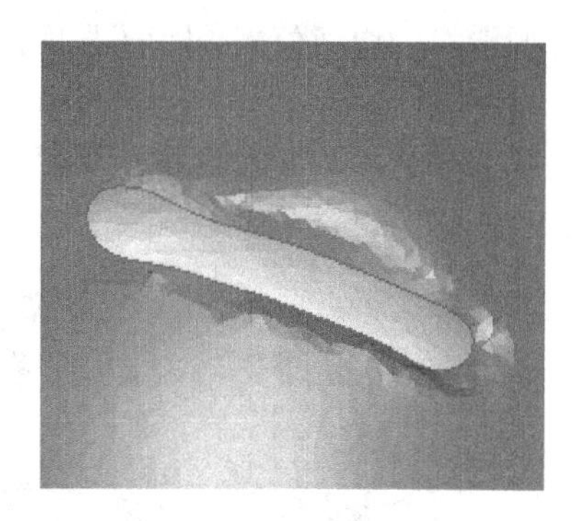

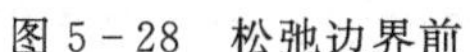

图 5-28 松弛边界前　　　　图 5-29 松弛边界后

主要操作命令说明——松弛边界。

单击【松弛边界】按钮，系统会打开如图 5-25 所示的【松弛边界】对话框，该命令用于通过重建多边形边界网格来放松锯齿状或不规则的自然边界，使边界变得更加平滑。

对话框中部分选项说明如下。

(1)【定义】编辑框，用于边界的选择。

①【整个边界】：选择该复选框将选中所有的边界。

②【部分边界】：通过选中两个点及两点之间所夹的曲线来选中部分边界。

(2)【迭代】设置迭代的次数，迭代的次数越多边界越光滑。

(3)【清除】单击该按钮可以取消所选边界。

9. 松弛多边形

单击工具栏上的【松弛多边形】按钮。弹出如图 5-30 所示的【松弛多边形】对话框。

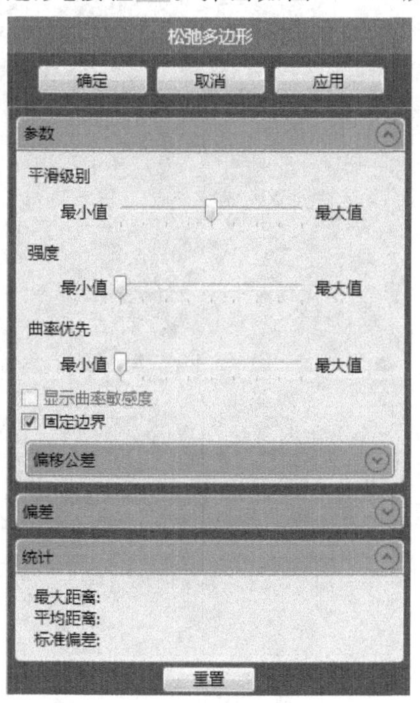

图 5-30 【松弛多边形】对话框

设置【平滑级别】滑块为中间位置，设置【强度】滑块靠近左边位置。单击【应用】按钮，可以看到模型比以前光滑了。

也可以提前选中显示的【边】选项来观察松弛前后的对比效果，如图 5-31 和图 5-32 所示。单击【确定】按钮退出对话框。

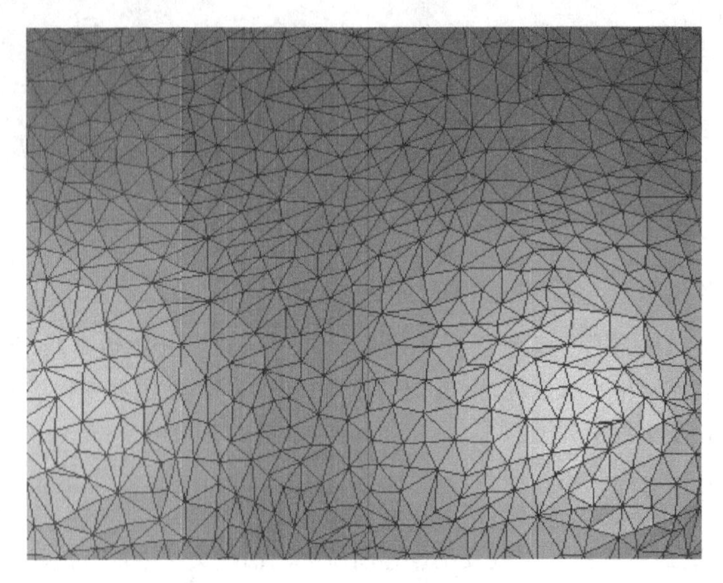

图 5-31　多边形松弛前

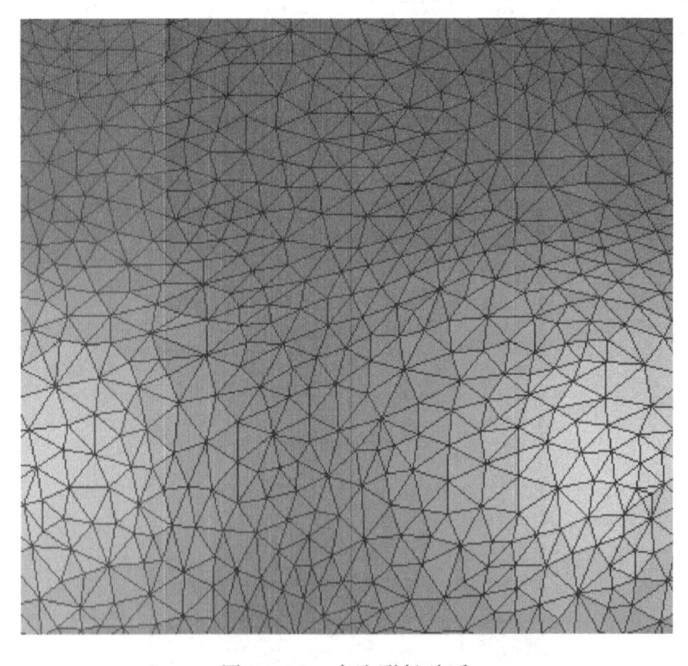

图 5-32　多边形松弛后

主要操作命令说明——松弛多边形。

单击【松弛】按钮，系统会打开如图 5－30 所示的【松弛多边形】对话框，该命令用于调整选定三角形的抗皱夹角，使三角形网格更加平坦和光滑。

对话框中部分选项说明如下。

(1)【平滑级别】：用于设置松弛之后多边形表面的平滑程度，一般不可以调到最大值，防止多边形特征的失真。

(2)【强度】：设置松弛的程度。

(3)【固定边界】：当选中该复选框时，可以使模型边界不会发生较大的变形。

(4)【偏差】：用于偏差色谱的显示编辑。

(5)【统计】：对话框用于模型松弛后偏差的统计。

①【最大距离】：显示松弛操作之后偏差最大的距离值。

②【平均距离】：显示松弛操作之后偏差的平均距离。

③【标准偏差】：所允许的偏差最大值。

10. 修复相交三角形区域

单击工具栏中的【网格医生】按钮，弹出如图 5－33 所示对话框。此步骤的目的在于检测相交三角形、高度折射边、钉状物和小组件等并进行修复，为形状阶段的曲面编辑做好准备。如图 5－34 所示为存钱罐多边形阶段的处理结果。

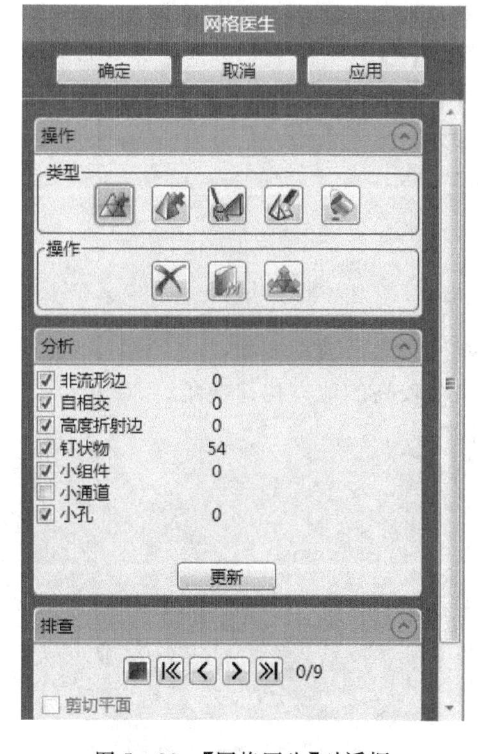

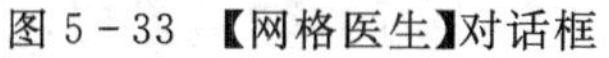
图 5－33　【网格医生】对话框

图 5－34　修复相交区域后

主要操作命令说明——网格医生。

单击【网格医生】按钮，系统就会检测相交区域。该命令用于修复相互交叉、叠加的三角形、高度折射边、钉状物和小组件等。执行该命令后会选出相应区域，选中后删除，也可以松弛或去除特征。

11. 保存文件

将该阶段的模型数据进行保存。选择菜单栏中的【另存为】，在弹出的对话框中选择合适的保存路径，命名为“5－1a. wrp”，单击【保存】按钮退出命令。

5.3.2 实例B 凸轮多边形高级阶段实例

本实例的任务是使用【填充孔】命令修补丢失的数据，用【锐化向导】还原模型的棱角，用【平面截面】修剪三角形，创建基准以及对平面、圆柱面进行拟合。最终生成一个封闭的、平滑的多边形模型。

该阶段用到的基本技术命令如下：

(1)【多边形】→【填充孔】；

(2)【多边形】→【去除特征】；

(3)【多边形】→【砂纸】；

(4)【多边形】→【松弛多边形】；

(5)【多边形】→【锐化向导】；

(6)【选择】→【选择组件】→【有界组件】

(7)【多边形】→【基本几何形状】→【拟合到平面】；

(8)【多边形】→【基本几何形状】→【拟合到圆柱】；

(9)【多边形】→【修改】→【创建/拟合孔】；

(10)【多边形】→【移动】→【伸出边界】；

(11)【多边形】→【移动】→【投影边界到平面】；

(12)【工具】→【基准】→【创建基准】；

(13)【多边形】→【裁剪】→【平面截面】。

本实例的操作有以下几个主要步骤：

(1)用【填充孔】命令修补模型数据，用【去除特征】光滑模型表面。

(2)用【锐化向导】探测模型的曲率，在模型曲率较高的地方构造棱角。

(3)拟合孔，并将模型表面拟合成平面或圆柱面。

(4)创建基准面，用平面截面修剪底面。

1. 打开附带光盘中“5－2. wrp”文件

启动 Geomagic Studio 软件，单击工具栏上的【打开】按钮，系统弹出【打开文件】对话框，查找光盘数据文件夹并选中“5－2. wrp”文件，然后单击【打开】按钮，在工作区显示多边形模型，如图5－35所示。这个模型大概包含了400000个三角形。

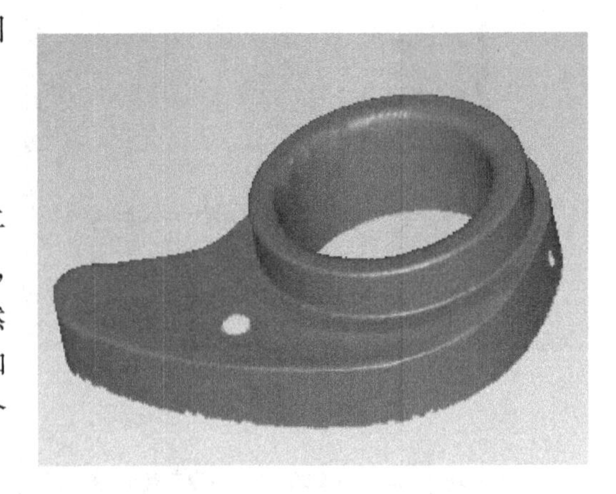

图5－35　凸轮多边形模型

2. 填充孔

按住鼠标中键旋转视图，查看模型的特征。

发现在模型的一侧有个孔，如图 5－36 所示。单击工具栏中【填充孔】按钮，选择【基于曲率的填充】，单击这个孔的边缘线，孔将基于曲率填充，如图 5－37 所示。

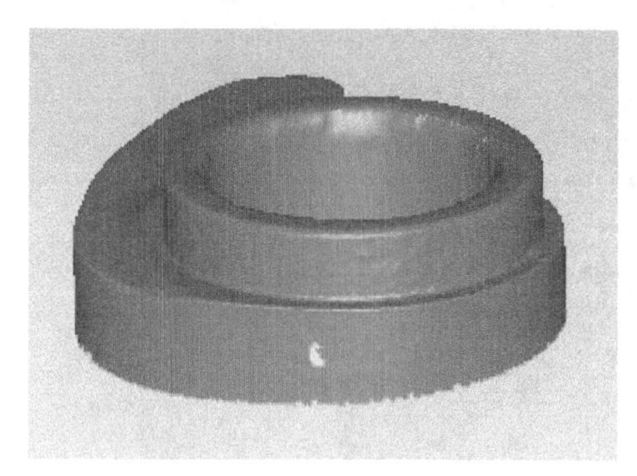

图 5－36　孔填充前

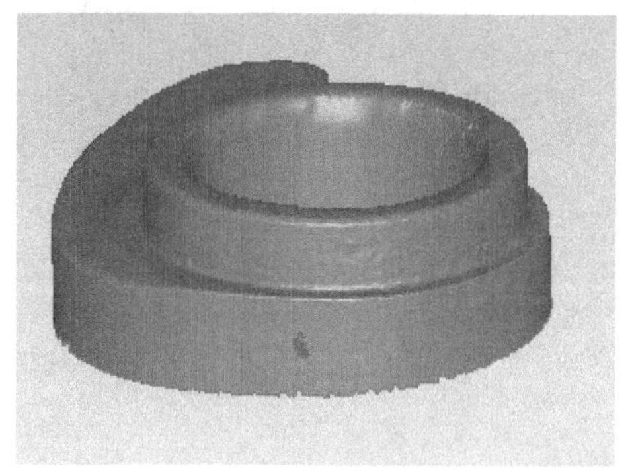

图 5－37　孔填充后

3. 打磨

单击工具栏中的【砂纸】按钮，在管理器面板中弹出【砂纸】对话框。在【操作】一栏中选择【松弛】单选框，调节【强度】滑块到一或两个格。单击选择如图 5－38 所示需要打磨的区域来回移动，圆圈所能到达的区域的三角形都被局部松弛和光滑。选择需要打磨的区域进行操作，打磨后的模型如图 5－39 所示。单击【确定】按钮完成此命令。

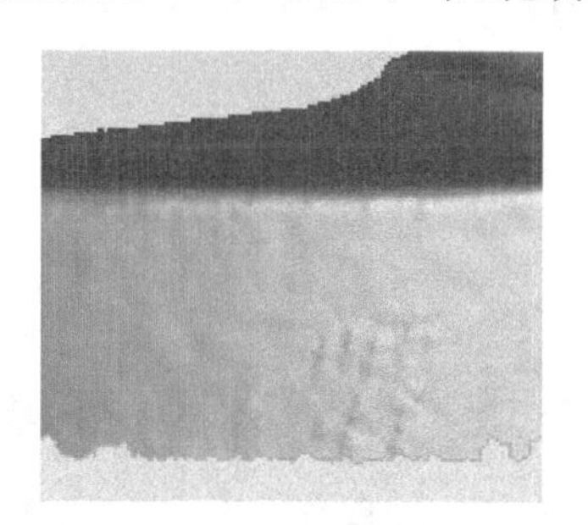

图 5－38　打磨前

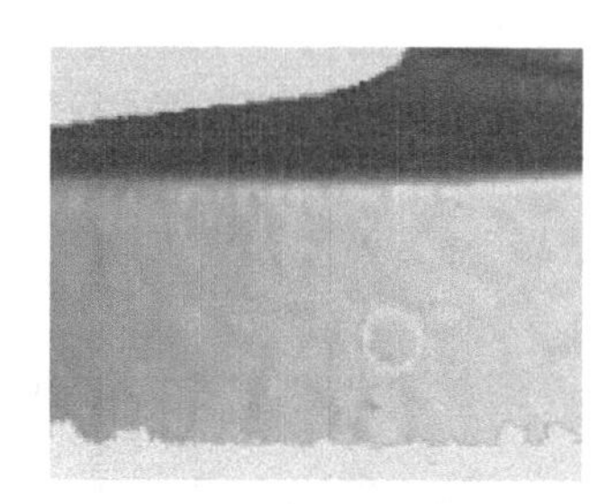

图 5－39　打磨后

提示：【砂纸】命令就好像在一个石膏模型上用砂纸打磨，能使粗糙的区域变得光滑。光标大小与下面的网格分辨率有关。如果对打磨的效果不满意，可以单击【重置】按钮恢复模型的初始状态。【强度】越大，打磨时松弛得越严重，这要根据模型的圆面特征和打磨的次数来决定。

4. 去除特征

模型的表面有一些特征与模型实体明显不符，需要将它去掉。单击工具栏上的【套索工具】按钮，用鼠标在模型上选择需要去除的特征，如图 5－40 所示。单击工具栏上的【去除特征】按钮，得到如图 5－41 所示的模型。按 Ctrl＋C 组合键来取消选中的红色区域。

提示：【去除特征】命令主要针对模型上凸出的部分，这个命令基本上删除了选中的区域并执行了一个基于曲率的孔填充。与【砂纸】命令不同，后者主要是去除模型上很小一部分凸出的特征。

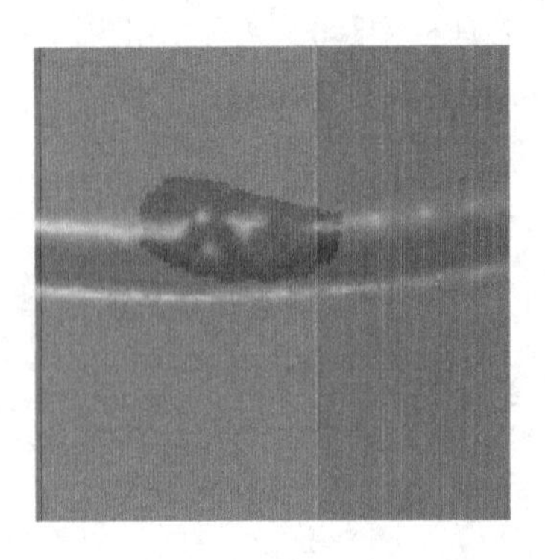

图 5-40　选择去除区域

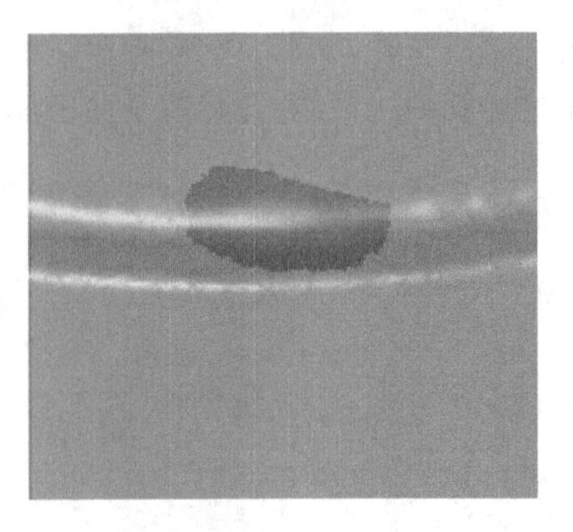

图 5-41　特征去除后

5. 松弛

为了使模型的整个表面看起来更加光滑，需要用【松弛】命令对模型进行全局处理。选择菜单击工具栏中的【松弛】按钮，弹出如图 5-42 所示的【松弛多边形】对话框。选中【固定边界】多选框，将【平滑级别】调到适当值，设置【强度】值为滑块的第二或第三个刻度，设置【颜色段】为 15，单击按钮【应用】。经过计算，在主工作区显示出如图 5-43 所示的色谱图，从图中可以看到，【最大临界值】为 0.2249 mm，【最大名义值】为 0.0025 mm。在模型管理器的【统计】一项中可以看到模型松弛的【最大距离】和【平均距离】。此时对象将呈现出明显的光滑，尝试着来回移动“平滑级别”查看松弛的效果。最后，适当设置【平滑级别】并单击【确定】按钮来结束命令。

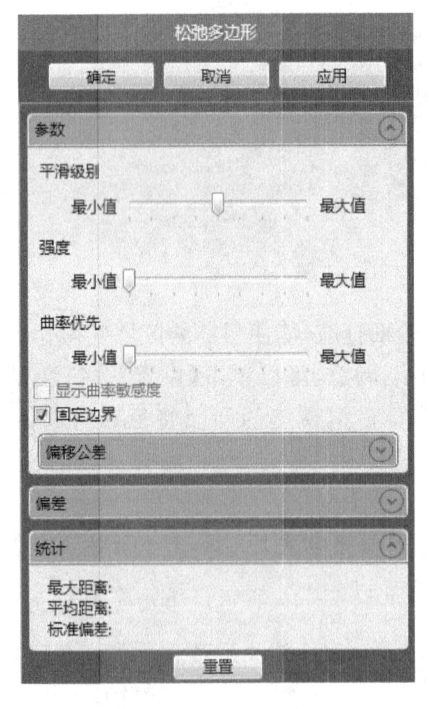

图 5-42　【松弛多边形】对话框

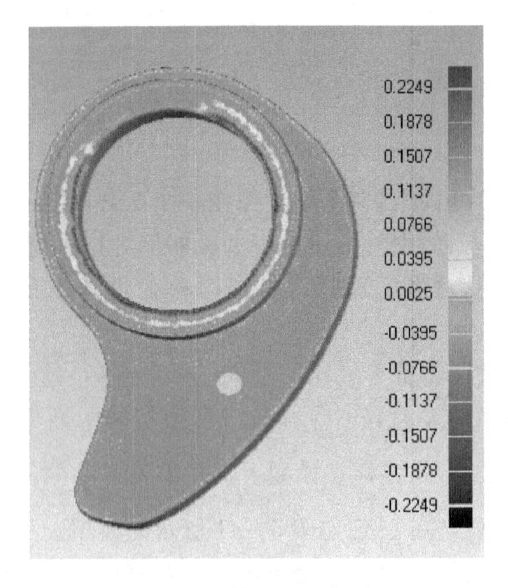

图 5-43　偏差显示色谱图

说明：松弛的强度要适当，如果强度小了起不到很好的平滑模型表面的效果，如果强度太大就会使模型变形严重。【最大名义值】之间的数据表示松弛三角形时大多数三角形的偏移量，就像是靠近正态分布曲线对称轴两侧包含的数据。【最大临界值】表示松弛时三角形的最大偏移量。调节【平滑级别】可以改变【最大名义值】的大小，调节【强度】值可以改变【最大临界值】的大小。

6. 锐化

（1）单击工具栏中的【锐化向导】按钮，在管理器模板中弹出如图 5-44 所示的【锐化向导】对话框。设置【曲率敏感度】为 70.0，设置【分隔符敏感度】为 40.0，【最小区域】为 32.85，单击【计算区域】按钮。模型上高曲率的区域将以红色加亮，这些区域称为轮廓镶边。轮廓镶边之间的区域以不同颜色显示，如图 5-45 所示。这使得更容易看清并选中用“绳子”隔开的区域。

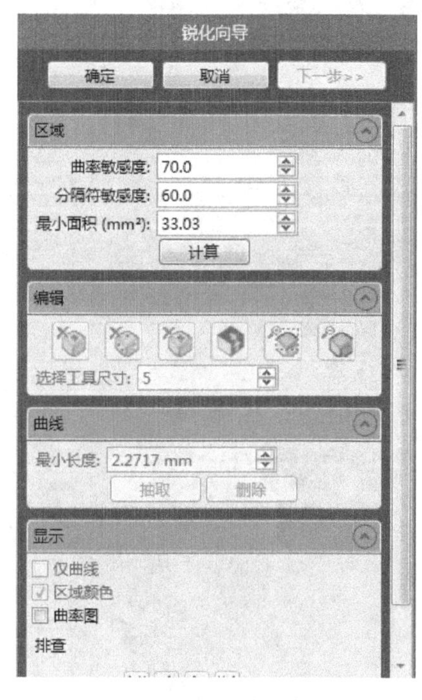

图 5-44　【锐化向导】对话框

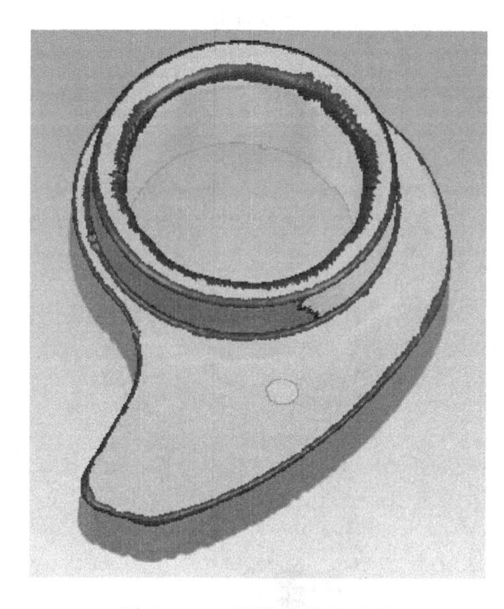

图 5-45　区域划分显示取

可以通过增加或减少【曲率敏感度】的值来查看红色区域的变化，最后按【曲率敏感度】为 70.0 计算区域。

（2）在如图 5-46 所示区域用【画笔工具】增加一条轮廓镶边。

（3）以上工作完成以后，单击【抽取】按钮，轮廓线就会依据轮廓被提取出来，如图 5-47 所示。

（4）单击【下一步】按钮，进入曲线编辑对话框，模型上应该出现如图 5-48 所示的轮廓线。在这里，可以根据需要对曲线的顶点进行局部的修改。因为这里拟合的曲线还是比较规则的，所以再次点击【下一步】按钮，直接进入延伸对话框。单击【延伸】按钮，曲线向两边延伸出两条黑色的线，如图 5-49 所示。这两条黑色的线之间的范围就是锐化的时候曲率变化最为明显的位置。默认【因子】值为 1.0，单击【下一步】按钮，可再次进入曲线编辑对话框。

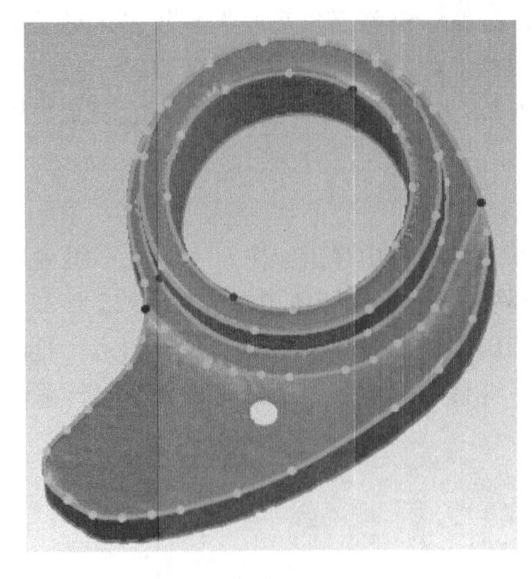

图 5-46　绘制增加轮廓线

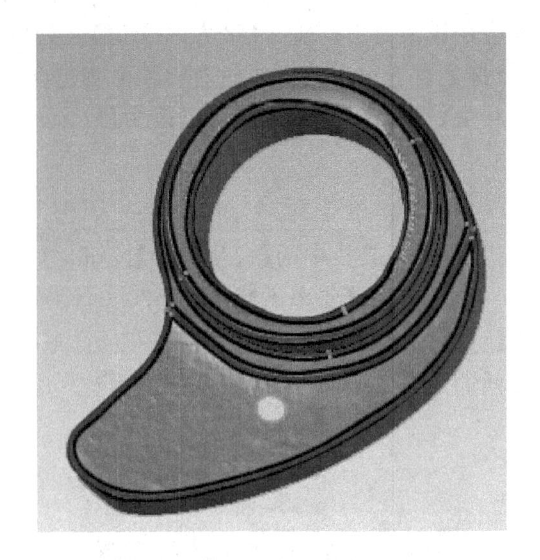

图 5-47　抽取轮廓线

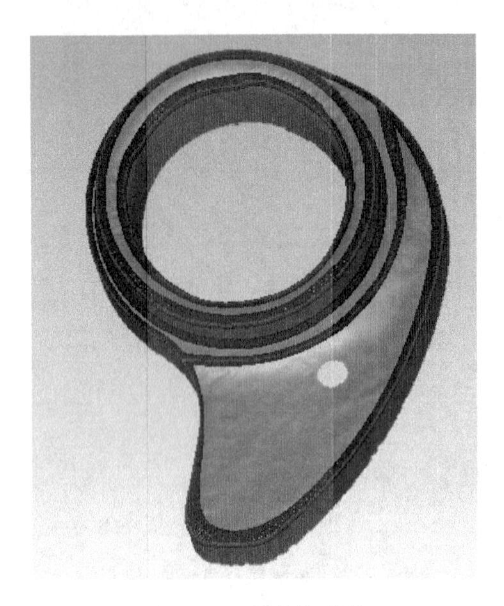

图 5-48　编辑轮廓线

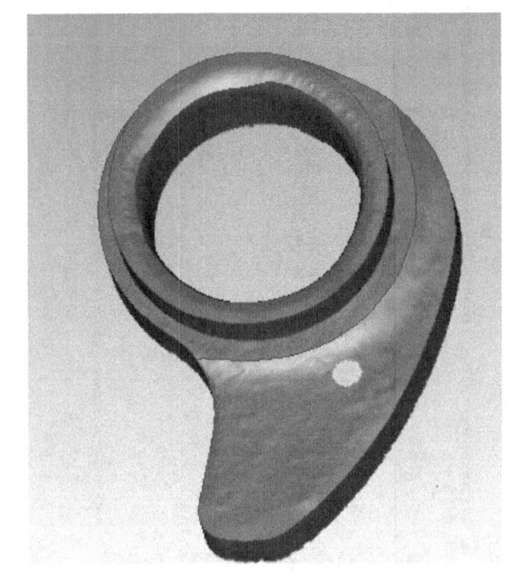

图 5-49　延伸轮廓线

注意:【因子】是用来调节延伸宽度的。值越大,向两边延伸得越宽。但是图中任意两条延伸线不能交叉,否则对后面的锐化会有影响。如果有交叉的延伸线,也可以通过下一步对曲线的编辑进行纠正。

(5)再次单击【下一步】按钮,进入更新格栅对话框,单击【更新格栅】按钮,在黑色的延伸线之间构建了一个蓝色的格栅网状物,如图 5-50 所示。这是新的锐化多边形的预览。接着单击【锐化多边形】按钮,模型的表面将沿着这些格栅被锐化,如图 5-51 所示。单击【确定】按钮退出【锐化向导】命令。

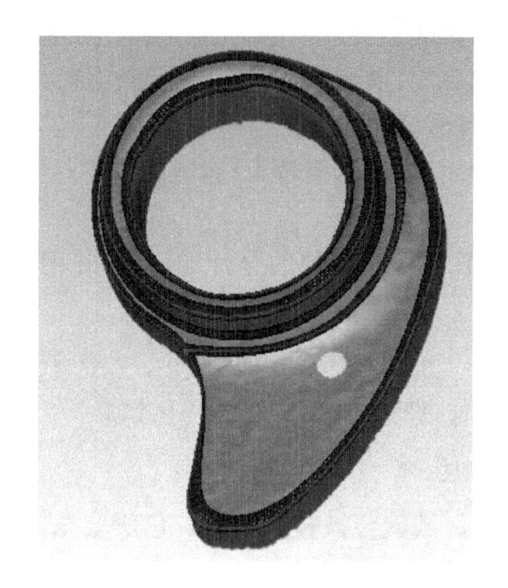

图 5-50　更新格栅

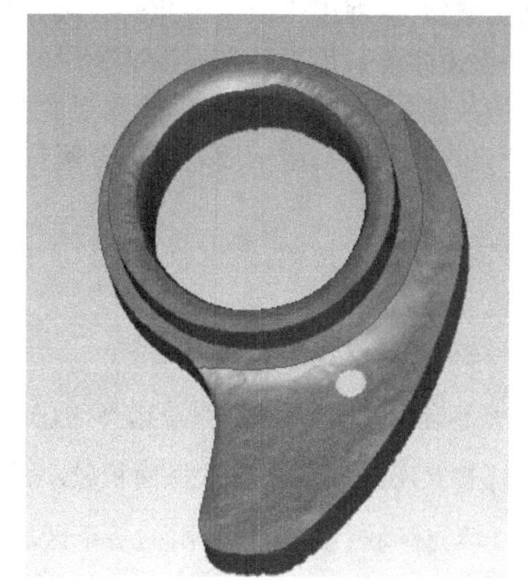

图 5-51　锐化完成

提示：

(1)如果需要手动删除一些区域，按下 Ctrl 键，用【画笔工具】在模型上选择去掉一些轮廓线。

(2)除了(1)中介绍的用 Ctrl+【画笔工具】的方法在模型上选择要去除的区域以外，还可以使用模型管理器中的【编辑】命令去掉一些很小的孤立的区域，可以单击【删除岛】按钮。

此外，还要检查两条轮廓镶边之间有没有交接的地方，交接是不允许的，如果有要用【画笔工具】将其去除掉。

主要操作命令说明——锐化向导。

单击【锐化向导】按钮，系统会打开如图 5-52 和图 5-53 所示的【锐化向导】对话框，该命令用于使多边形物体曲率过渡较大的地方的棱角更加凸显。

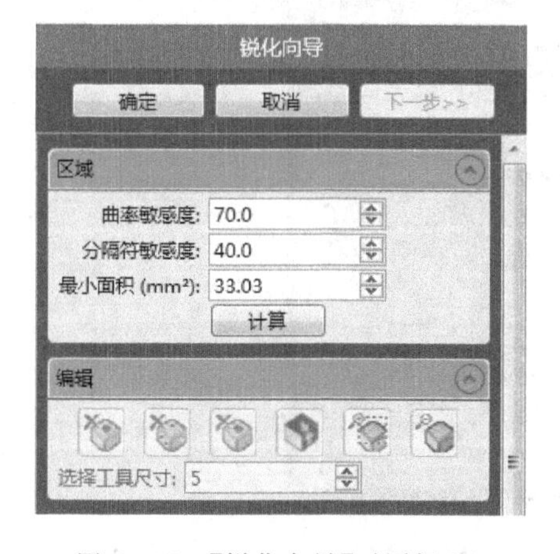

图 5-52　【锐化向导】对话框(1)

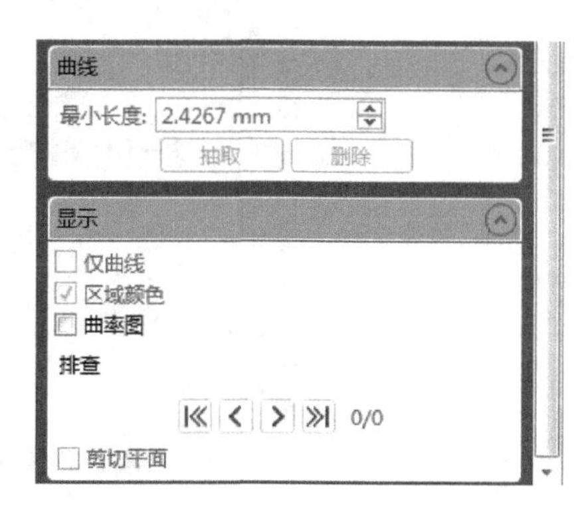

图 5-53　【锐化向导】对话框(2)

对话框中部分选项说明如下。

(1)【区域】对话框用于设置锐化时区域分割的参数。

①【曲率敏感度】:用于设定探测曲率时的敏感程度,通过画一些橙色的等高线来将有曲率明显过渡的区域分割开来,值越大,探测到的曲率过渡区域越多。

②【分隔符敏感度】:用于设定探测分隔符时的敏感程度,值越大,越敏感,探测到的分隔符越多。

③【计算】:单击该按钮,系统就根据以上的参数计算探测到的分片的区域,并用高亮的红色选中区域的分界线。

(2)【编辑】对话框用于编辑分隔符。

①【删除孤岛】:取消分割符选择的、孤立的、脱离主选域的那些小区域。

②【删除小区域】:取消选择面积较小的选中区域。

③【填充区域】:单击分割出的一个区域,该区域就会被分割符的红色所填充,去除选出的这个区域。

④【合并区域】:可以合并分割出的几个区域。

⑤【只查看所选】:单击该按钮可以选择只查看所选的区域。

⑥【查看全部】:当处于【只查看所选】状态时,可以单击该按钮返回“查看全部”的状态。

(3)【曲线】对话框用于对锐化边轮廓线进行抽取和修改。

①【最小长度】:确定所选区域可以抽取的轮廓线的最小长度。

②【抽取】:区域选定之后进行抽取,可以提取一些已经选好的轮廓线。

③【删除】:可以删除已经抽取的轮廓线,以便进行重新选域和再次抽取轮廓线。

(4)【显示】对话框用来观察轮廓线的抽取效果,可以同时观察曲线、区域颜色和曲率图。

单击【下一步】按钮,系统会弹出如图 5-54 所示的对话框,可以对已经抽取的轮廓线进行编辑。

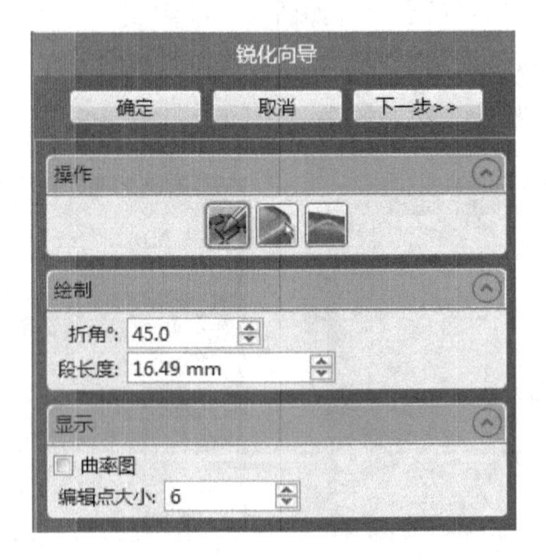

图 5-54　轮廓线编辑操作栏(1)

对话框中部分选项说明如下。

(1)【绘制】:选择点到指定的位置。

(2)【抽取】:抽取轮廓线。

(3)【松弛】:使轮廓线变得光顺。

再次单击【下一步】按钮,系统会弹出如图 5－55 所示的对话框,该对话框是针对已经抽取好的轮廓线,通过设定延伸因子值的大小来确保不会产生相交的延伸线。如果效果不理想可以单击【重置】按钮,进行重新延伸,直到符合要求为止。

图 5－55　延伸操作栏

继续单击【下一步】按钮,系统会弹出如图 5－56 所示的对话框,

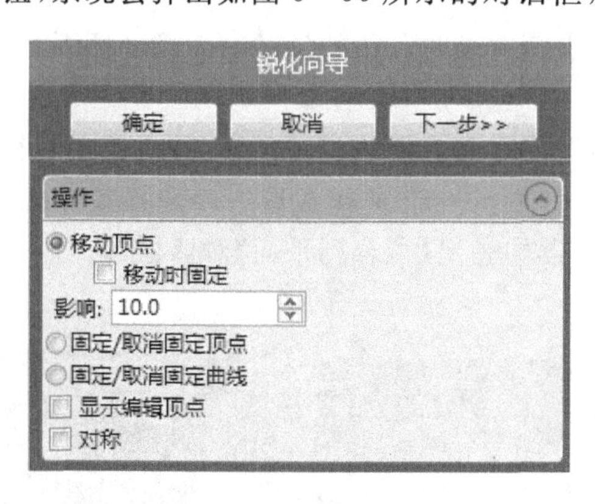

图 5－56　轮廓线编辑操作栏(2)

该对话框是对已经存在的曲线进行再次编辑,使曲线更加规范,分布更加光顺。对话框中的部分选项说明如下。

(1)【移动顶点】:可以移动选择顶点到任何指定位置。

(2)【固定/取消固定顶点】:固定/取消指定顶点。

(3)【固定/取消固定曲线】:固定/取消指定曲线。

(4)【显示编辑顶点】:选中后显示所有编辑顶点。

继续单击【下一步】,系统会弹出如图 5－57 所示的对话框,在该对话框中可以设置轮廓线控制点的分布类型,控制点的个数以及张力的大小,设定值一般为默认值。

单击【更新格栅】按钮,发现轮廓线及延伸曲线被更细小的栅格划分。最后一步直接单击【锐化多边形】按钮,单击【确定】按钮即可完成多边形的锐化操作。

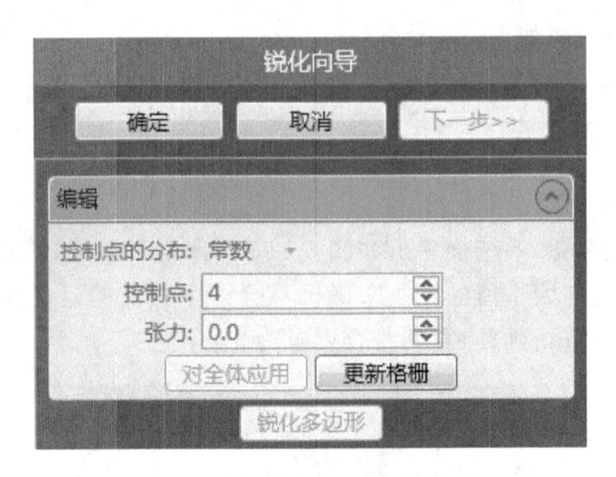

图 5-57　更新格栅操作栏

注意:锐化的每一步都要认真进行,系统不能撤销前一步的不当操作,如果错了,可以用锐化操作中相应的命令修改。

提示:【锐化向导】是多边形高级阶段的一个非常重要的命令。它是模型再现原始形状的一个很有用的操作,同时它的轮廓线也是平面、柱面进行进一步拟合的边界线。其中曲线的编辑是锐化最为重要的环节,如果曲线编辑得不好就会使锐化无法进行。

7. 面的拟合

通过观察发现,模型的表面并不是希望的那种平面或者柱面,所以要将它们拟合到平面或者柱面上。

如图 5-58 所示,在模型的表面选择一些三角形,选择菜单栏【选择】→【选择组件】→【有界组件】,模型的上表面就会如图 5-59 那样被选中。选择菜单栏【多边形】→【修复工具】→【拟合到平面】。在模型管理器中弹出【拟合到平面】对话框,同时在主工作区中出现如图5-60所示的平面。

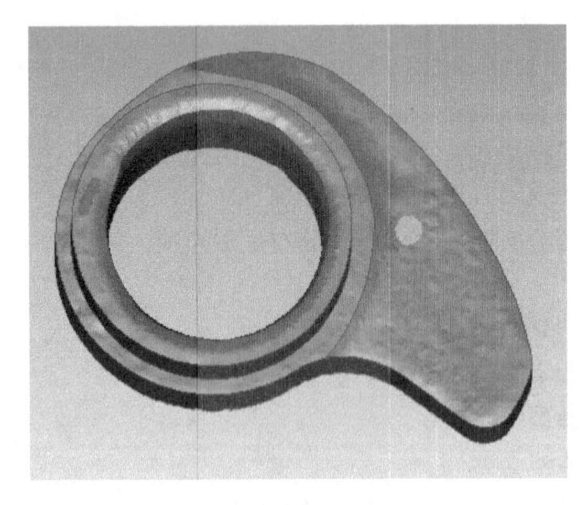

图 5-58　选择一块区域

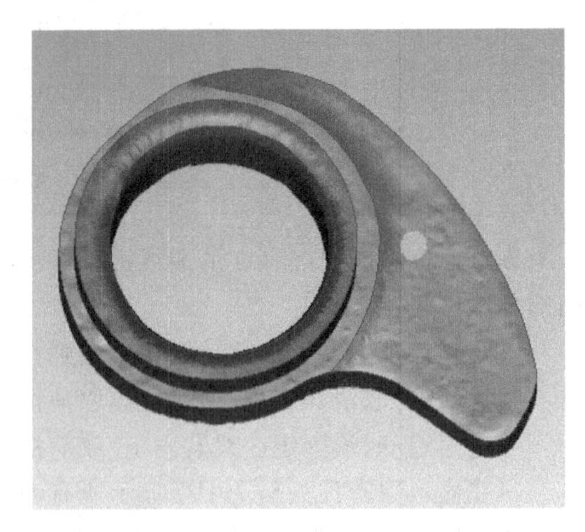

图 5-59　选择为有界组件

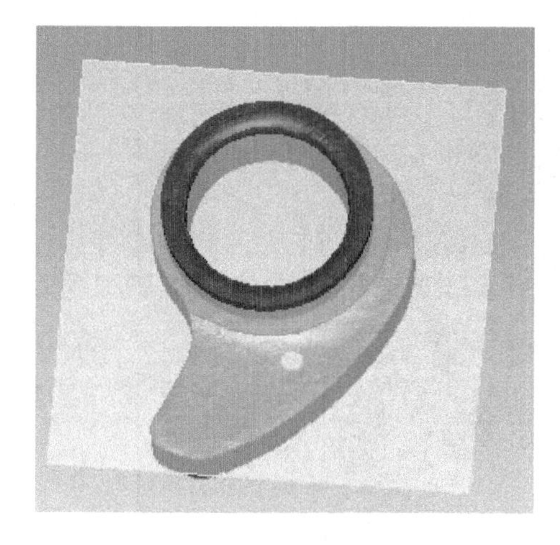

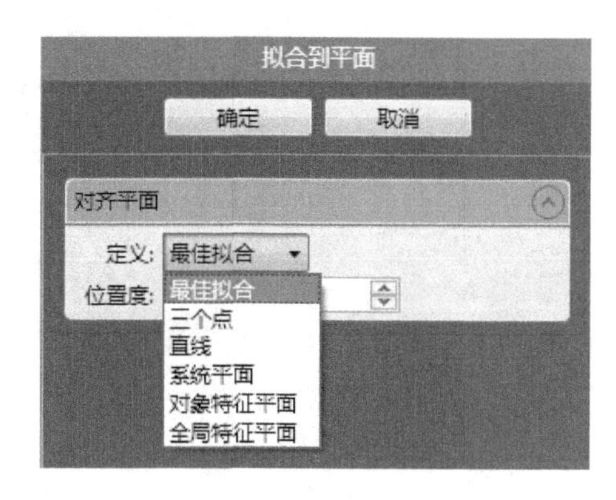

图 5-60　拟合平面

图 5-61　【对齐平面】多选框

在如图 5-61 所示的模型管理器中选择【最佳拟合】。模型就会在所选择的区域呈现最佳拟合状态，如图 5-62 所示。单击【确定】按钮，该平面拟合完毕，效果如图 5-63 所示。按 Ctrl+C 组合键取消对上表面的选择。

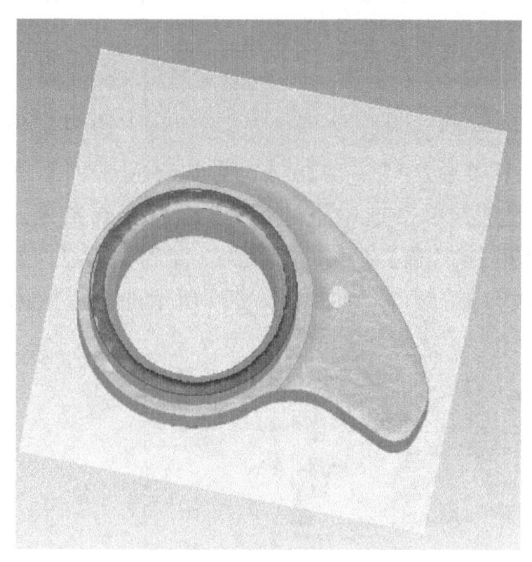

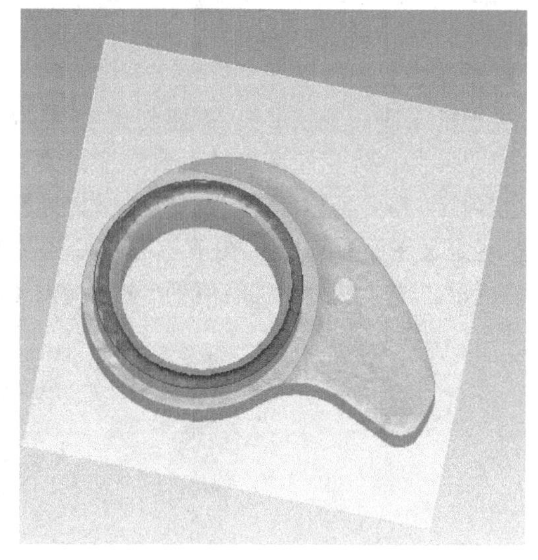

图 5-62　最佳拟合预览

图 5-63　拟合后的平面

圆柱的拟合要用到【多边形】→【修复工具】→【拟合到圆柱面】命令，其余操作步骤与上面的步骤相同。重复步骤 7，将另外的两个平面和两个圆柱也进行拟合。拟合的效果如图 5-64 所示。

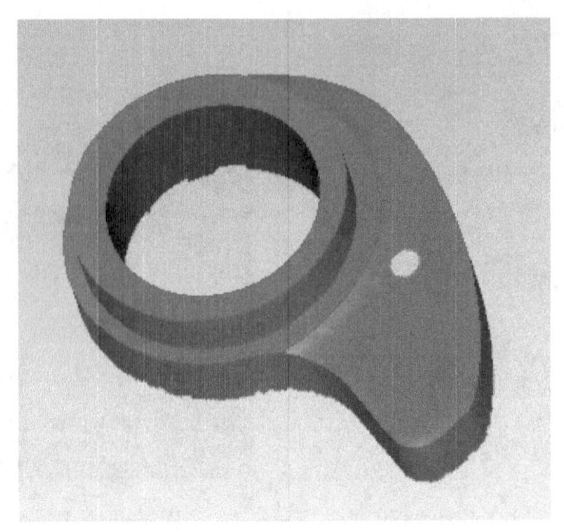

图 5-64　拟合后的圆柱面

注意:拟合完一个平面后一定要记得用 Ctrl+C 组合键来取消对上次表面的选择,否则对下一个表面拟合的时候就会同时选中两个表面,使平面不在最佳拟合的位置。

提示:平面的选择除了【最佳拟合】以外,还有其他的一些方法,练习的时候可以尝试这些方法。

8. 投影边界到平面

模型的下表面数据缺失,需要创建一个平面把模型密封起来。首先,必须将下边界延伸一点来获得一些额外用于剪切的材料。选择菜单【多边形】→【移动】→【投影边界到平面】,弹出【将边界投影到平面】对话框,选择【整个边界】单选框,单击选中下边界,下边界变成白色。然后选中【定义平面】单选框,在下拉菜单中选中【最佳拟合】选项,平面被拟合到边界上,如图 5-65所示。调节【位置度】的值到-2.0,单击【执行】按钮,得到如图 5-66 所示的投影效果。

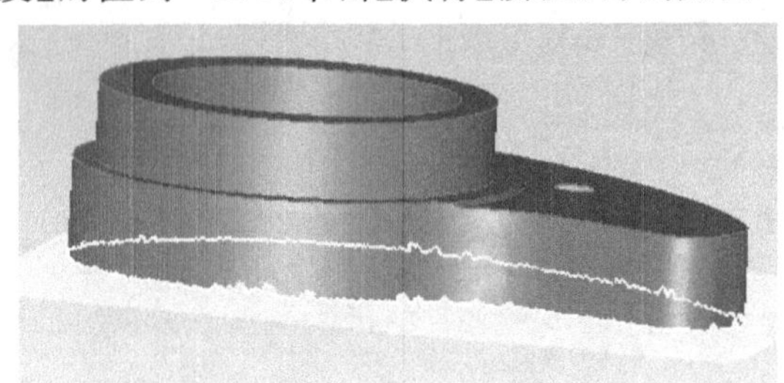

图 5-65　选择投影边界(1)

图 5-66　投影边界到平面(1)

再次选中里面圆柱面的边缘线,如图 5-67 所示。设置【位置度】为-4.0,单击【执行】按钮，得到如图 5-68 所示的投影效果。单击【确定】按钮完成此命令。

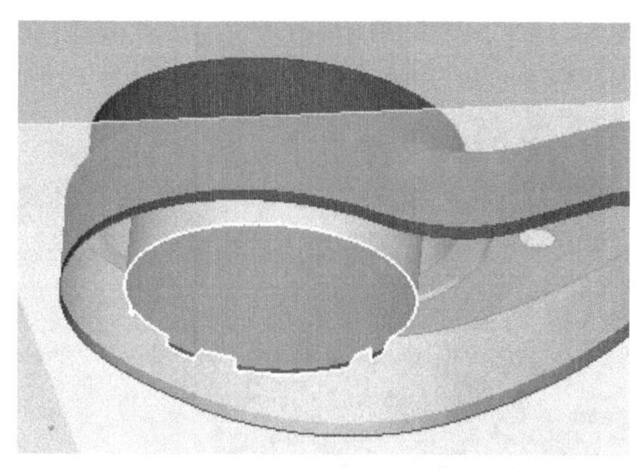

图 5-67　选择投影边界(2)

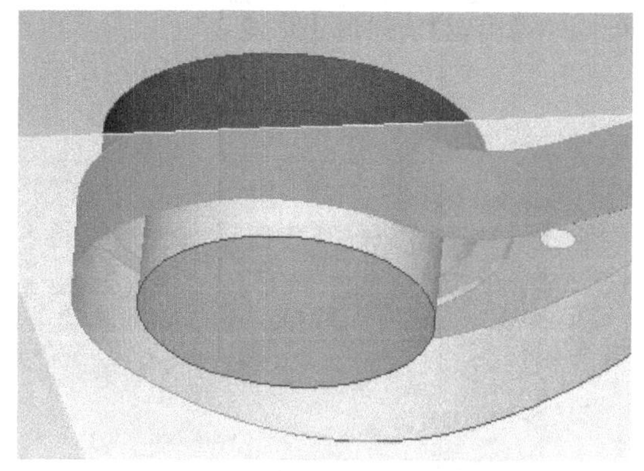

图 5-68　投影边界到平面(2)

主要操作命令说明——投影边界到平面

执行【移动】→【投影边界到平面】命令，弹出如图 5-69 所示的【投影边界到平面】对话框，此命令用于拉伸已经存在的三角形到一个定义好的平面中，通过投影将一个不规则的边界变得平整。

对话框中部分选项说明如下。

(1)【整个边界】：将选中的整个边界投影到预定义平面。

(2)【部分边界】：通过设定，将部分边界投影到预定义平面。

(3)【定义平面】：平面的定义在前面已经介绍过，详见第 4 章命令介绍【拟合】。

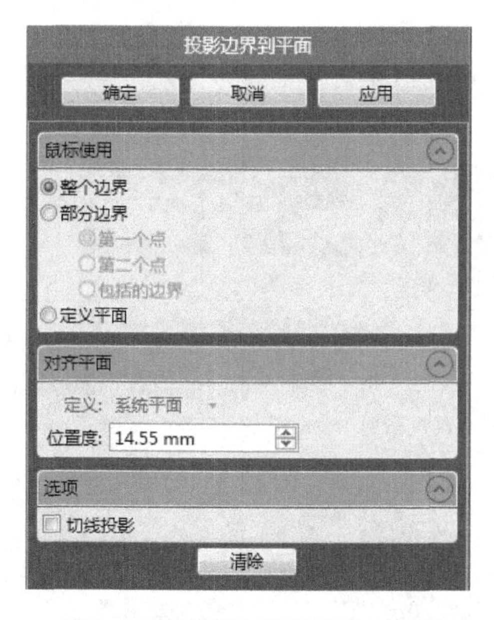

图 5-69　【投影边界到平面】对话框

9. 定义基础平面

为了修剪模型，先给模型定义一个基准平面。选择菜单栏【特征】→【平面】→【最佳拟合】，或者单击工具栏上【最佳拟合】按钮 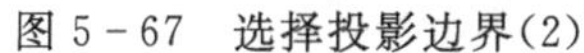，弹出如图 5-70 所示的对话框，用鼠标左键在图

5-71所示的区域选择一小块三角形。单击【应用】按钮，在模型上出现如图 5-72 所示的平面。单击【确定】按钮退出命令。

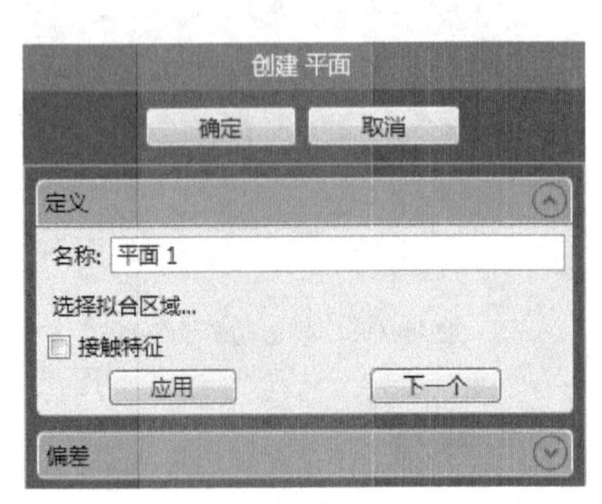

图 5-70 【创建平面】对话框

图 5-71 选择区域

选择菜单栏【特征】→【平面】→【平面偏移】，或者单击工具栏上【平面偏移】按钮，弹出如图 5-73 所示的对话框，选择平面 1，设置偏移值为-22.0。单击【应用】按钮，在模型上出现如图 5-74 所示的平面。单击【确定】按钮退出命令。

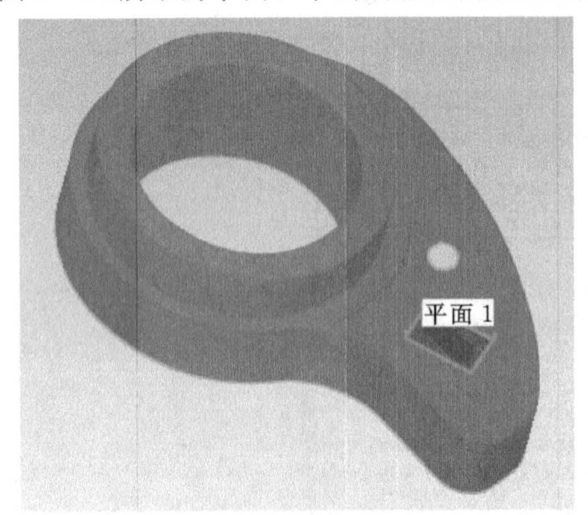

图 5-72 建立基准平面 1

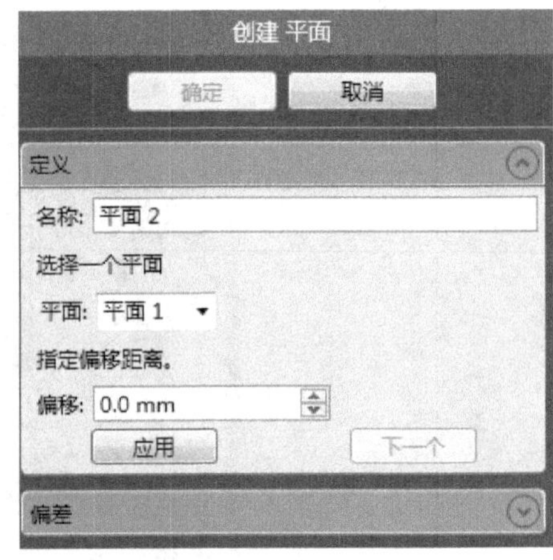

图 5-73 创建基准平面

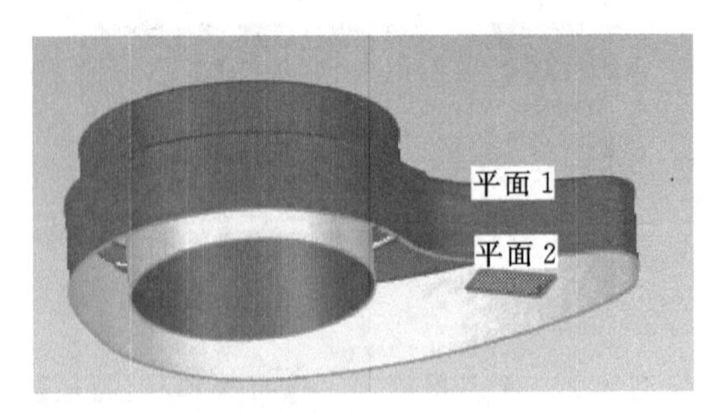

图 5-74 建立基准平面 2

在模型管理器面板里，可以看到在对象下创建的两个基准平面。

10. 平面截面

选择菜单栏【多边形】→【裁剪】→【用平面裁剪】，或者单击工具栏上【平面截面】按钮，在弹出的【用平面裁剪】对话框中选择【对象特征平面】，并选中【平面 2】，该平面就被拟合到上一步创建的基准平面上，设置【位置度】为－0.1mm，如图 5－75 所示。单击【平面截面】按钮，如图 5－76 中平面以下红色部分就是要被去除掉的部分。单击【删除所选择的】按钮，平面的下半部分被去除。单击【封闭相交面】按钮，下面被一个平面封闭起来，如图 5－77 所示。单击【确定】按钮退出命令，得到如图 5－78 所示的模型。

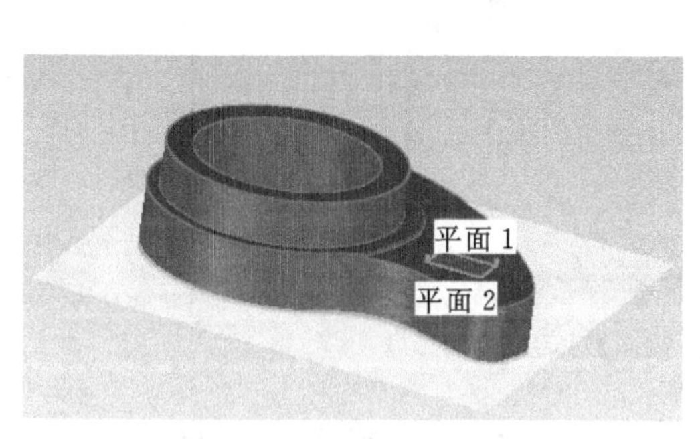

图 5－75　拟合产生平面

图 5－76　平面截面

图 5－77　封闭相交面

图 5－78　完成拟合

在模型管理器【特征】下面把两个基准平面右键隐藏。

主要操作命令说明——平面截面。

单击【用平面裁剪】，系统会打开如图 5－79 所示的【平面截面】对话框，该命令用于用构造的平面来截取不规则曲线围成的边界，从而生成规整的平面边界。

对话框中部分选项说明如下。

(1)【对齐平面】对话框：设置用于截取模型的平面。其中平面类型有拾取边界、三个点、直线、系统平面、对象基准平面和全局基准平面、对象基准平面、全局基准平面 8 种平面类型。

可以设置该坐标系为全局坐标系，同时也可以设定其 XY、XZ、YZ 平面，还可以设定平面的绕 X、Y 轴的旋转度以及位置度。

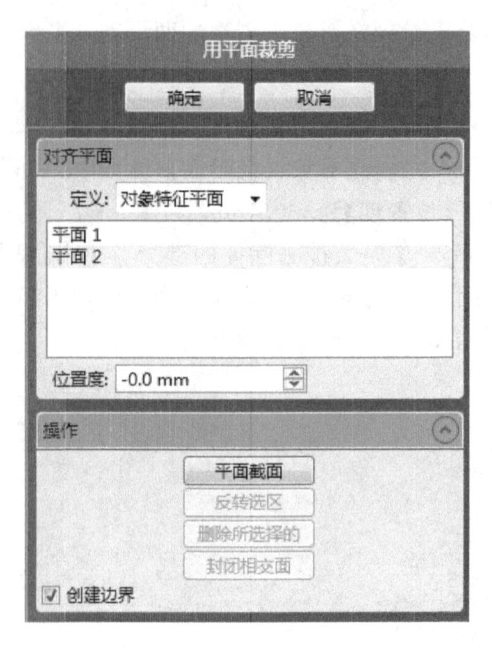

图 5－79 【平面截面】对话框

(2)【平面截面】:在确定平面的精确位置之后单击该按钮,系统将自动选中平面一侧需要删除的那一部分区域。

(3)【反转选区】:反向选择模型的另一部分区域。

(4)【删除所选择的】:删除选中平面一侧的所有多边形。

(5)【封闭相交面】:截取平面之后,载体会出现一个边界孔,单击该按钮可以直接用截取平面把边界封上。

(6)【创建边界】:选中该复选框可以在模型被截的边上创建新的边界。

11. 拟合孔

在模型的上表面还有一个孔,需要将它拟合成一个规则的通孔。选择菜单栏【平面】→【修改】→【创建/拟合孔】,在弹出的【创建/拟合孔】对话框中选择【拟合孔】单选框,单击孔的边界,如图 5－80 所示,在模型上出现一个矢量箭头,并且探测到孔的半径,设置孔的半径为 5.0。单击【创建】按钮,在模型上创建【轴基准 1】。单击【执行】按钮,即可拟合出如图 5－81 所示的一个孔。单击【确定】按钮退出命令。

图 5－80 选择边界

主要操作命令说明——创建/拟合孔。

执行【平面】→【修改】→【创建/拟合孔】命令,系统会打开如图 5－82 所示的【创建/

拟合孔】对话框，该命令用来创建一个新的孔，或者可以将一个边界不规则的孔拟合出一个完美的圆形边界。

图 5－81 拟合圆孔

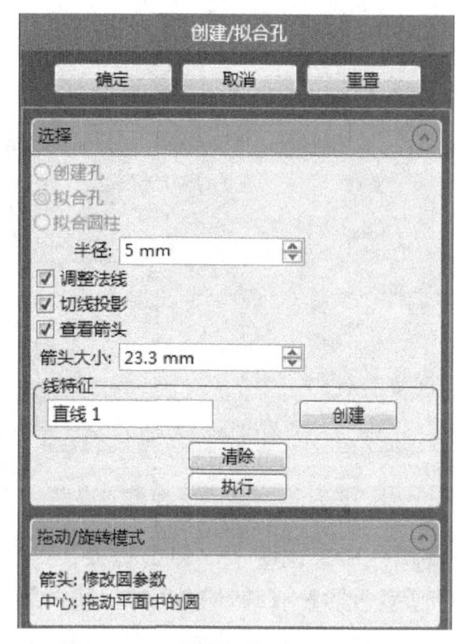

图 5－82 【创建/拟合孔】对话框

对话框中部分选项说明如下。

(1)【选择】对话框：用于设定需要进行操作的类型。

(2)【创建孔】：在可视的区域内创建一个新的孔。

(3)【拟合孔】：在可视的区域内将一个边界为锯齿形的孔拟合成为一个圆形边界的孔。

(4)【拟合圆柱】：通过选择所想要拟合的区域，将这一部分区域拟合成为一个圆柱状的特征。

(5)【半径】：输入拟合完成之后的圆形边界的半径值。

(6)【调整法线】：将洞的法线恢复到先前的位置。

(7)【查看箭头】：指定是否要增加一个箭头来指明孔轴。

(8)【线特征】：控制孔的轴的基准的创建。

(9)【创建】：创建基准。

(10)【清除】：清除已选的孔或孔的位置，并为选择新的孔做好准备。

(11)【执行】：在选中的区域创建孔或者在选择好的区域拟合出完美的孔或圆柱。

12. 伸出边界

选择菜单栏中的【多边形】→【移动】→【伸出边界】，在弹出的【伸出边界】对话框中选择【贯通】单选框，单击孔的边缘线，出现如图 5－83 所示的基准轴。单击【应用】按钮，就形成一个如图 5－84 所示的通孔。单击【确定】按钮退出命令。

图 5-83 选择要伸出的边界

图 5-84 产生通孔

主要操作命令说明——伸出边界。

执行【多边形】→【移动】→【伸出边界】命令，系统会打开如图 5-85 所示的【伸出边界】对话框，此命令用于在一个消极的或积极的区域伸出一个已经选定的自然边界，并且通过插入三角形来填补新旧位置之间的空白。

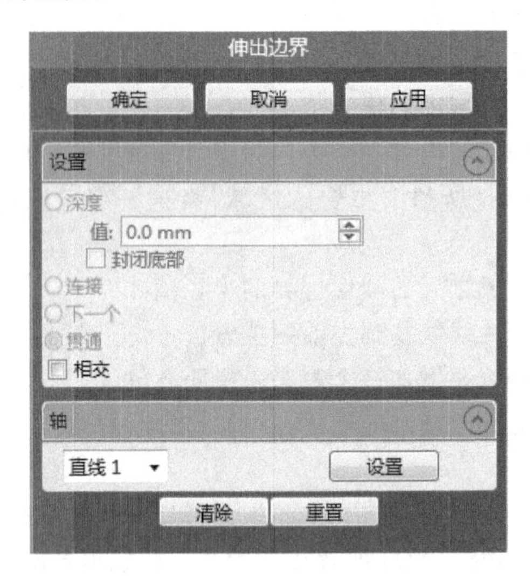

图 5-85 【伸出边界】对话框

对话框中部分选项说明如下。

(1)【深度】控制伸出的类型。

(2)【值】控制伸出值的大小。

(3)【封闭底部】伸出之后将物体底部封闭起来。

(4)【连接】规定接下来的两个边界需要连接起来。

(5)【下一个】长出孔的侧面至下一层三角面。

(6)【贯通】沿孔的法线穿透所有三角面,长出孔的侧面。

(7)【清除】删除在可视区域所选择的所有边界。

(8)【重置】重置对话框。

提示:轴基准的方向沿着孔边缘所在的平面的法线方向。可以通过设置【箭头大小】的值来改变轴的大小。轴基准可以作为在 CAD 软件中编辑时的基准轴。用同样方法,可以在一个平面上刨建一个孔。也可以用这个命令设置这个孔的深度、连接两个孔等。

13. 保存文件

处理完的整个模型图如图 5 - 86 所示。选择菜单栏【另存为】,系统弹出【另存为】对话框,选择合适的路径,将文件命名为“5 - 2a. wrp”,单击【保存】按钮即可。到此,凸轮多边形高级阶段的处理工作就结束了。下一步就可以进入到形状阶段的处理,相关内容在第六章中会进行讲解。

图 5 - 86　多边形阶段处理完成后的模型

本章小结

通过以上的功能介绍,使读者对多边形阶段的各个技术命令的操作有了初步的理解,再经过两个实例的学习使读者对各个操作命令的实际运用有了进一步的掌握,其中包括一些操作技巧和实际经验的介绍,对多边形阶段的模型进行表面处理以得到客户所需的模型。

思考题

1. 多边形阶段填充孔一般有几种方式?每一种填充方式针对不同类型的孔,如何完成?

2. 松弛操作可以使模型表面平滑,如何控制松弛参数达到效果比较好的多边形模型?

3. 多边形阶段边界处理对整个模型的质量具有重要作用,如何设置各项参数得到理想的边界(部分或者全部边界)?

4. 平面截面与投影边界到平面有何本质的区别?

第6章　Geomagic Studio 精确曲面处理技术

学习目标

通过学习，掌握 Geomagic Studio 精确曲面技术命令的基本操作，理解各个技术命令的功能和操作方法，通过实例操作来掌握操作步骤；通过效果图片使读者更加直观和清晰地看到各个操作命令的实际效果，从而使大家更快地掌握精确曲面的操作。

通过基本的曲率探测和轮廓线的探测，创建基本的曲面片，并对曲面片进行移动面板、重新分布等操作来创建一个理想的 NURBS 曲面，完成曲面的逆向造型。

学习要求

能力目标	知识要点
掌握精确曲面最基本的技术命令	曲率探测、轮廓线探测、轮廓线抽取、构建曲面片、编辑曲面片、构造格栅、曲面拟合格栅、曲面拟合
学会轮廓线的编辑方法	探测轮廓线、探测曲率、抽取轮廓线、编辑/延伸轮廓线、松弛轮廓线
学会曲面片的基本编辑方法	编辑曲面片、移动面板、松弛曲面片、修理曲面片
通过实例操作过程总结操作技巧	通过实例熟悉各个技术命令的使用方法

6.1　精确曲面基本功能介绍

Geomagic 精确曲面是从多边形阶段转换后进行一系列的技术处理从而得到一个理想的曲面模型。其主要思路及流程是：

(1)进行轮廓线技术处理，探测轮廓线、编辑轮廓线、探测曲率、移动曲率线、细分/延伸轮廓线、编辑/延伸、升级/约束、松弛轮廓线、自动拟合曲面；

(2)进行曲面片处理，构造曲面片、松弛曲面片、编辑曲面片、移动曲面片、移动面板、压缩曲面片层、修理曲面片、绘制曲面片布局图；

(3)进行格栅处理，构造格栅、指定尖角轮廓线；

(4)完成 NURBS 曲面的处理，进行拟合曲面、合并曲面、删除曲面、偏差比较等技术处理；

(5)得到理想的 NURBS 曲面，以 IGES 格式文件输出到其他系统。

Geomagic Studio 精确曲面操作流程图如图 6-1 所示。

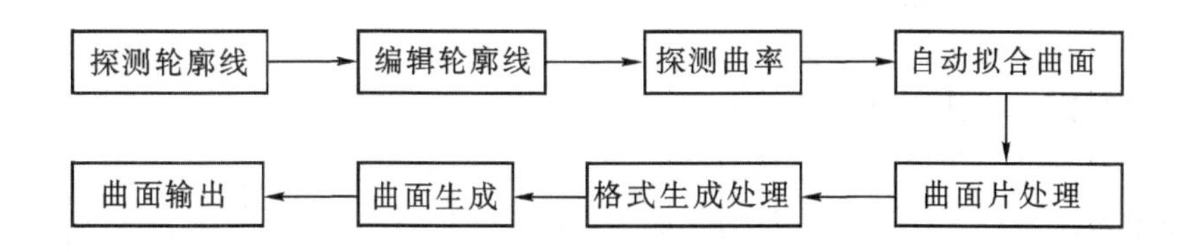

图 6-1 精确曲面基本操作流程图

6.2 精确曲面主要操作命令列表

精确曲面的主要操作命令直接单击工具栏中的图标即可完成，如图 6-2 所示为工具栏命令。

图 6-2 精确曲面工具栏命令

图 6-2 所示工具栏对应命令说明如下：

(1)自动拟合曲面；
(2)探测轮廓线；
(3)编辑轮廓线；
(4)探测曲率；
(5)移动曲率线；
(6)细分/延伸轮廓线；
(7)编辑/延伸；
(8)升级/约束；
(9)构造曲面片；
(10)绘制曲面片布局图；
(11)松弛所有轮廓线；
(12)松弛曲面片；
(13)编辑曲面片；
(14)移动曲面片；
(15)移动面板；
(16)修理曲面片；
(17)构造格栅；
(18)拟合曲面；
(19)合并曲面；
(20)删除曲面；
(21)偏差

Geomagic Studio 精确曲面阶段为曲面的创建和拟合阶段，是否能够创建出一个理想的 NURBS 曲面关系到整个逆向过程的质量，即创建一个理想的曲面是使用本软件的最终目的。

6.3 精确曲面应用实例与命令说明

6.3.1 实例 A 摩托车挡泥板的基本曲面创建

目标：本实例的任务为在一个已经处理好的多边形对象上拟合 NURBS 曲面，并通过执行一些基本编辑来改进曲面片布局。

本实例所要用到的主要命令如下：

(1)【轮廓线】→【探测曲率】；
(2)【轮廓线】→【升级/约束】；
(3)【曲面片】→【构建曲面片】；
(4)【曲面片】→【移动】→【面板】；

(5)【轮廓线】→【拟合轮廓线】;

(6)【曲面片】→【编辑曲面片】;

(7)【轮廓线】→【松弛所有轮廓线】;

(8)【曲面片】→【松弛曲面片】→【直线】。

1. 打开附带光盘中"6-1. wrp"文件

启动 Geomagic Studio 软件,单击工具栏上的【打开】按钮,系统弹出【打开文件】对话框,查找光盘数据文件夹并选中"6-1. wrp"文件,然后单击【打开】按钮,在工作区显示多边形模型,如图 6-3 所示。

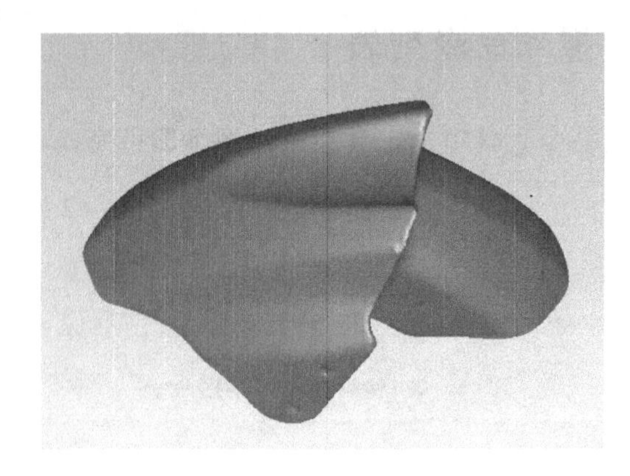

图 6-3 多边形模型

提示:从工作区左下角可以发现,这个多边形包括 50712 多个三角形,曲面片数为零,所以,要逐步地构造出曲面片。曲面片的构造是由轮廓线来引导的,而轮廓线的形成是手动制定的或由软件基于模型的曲率自动探测得到的。那么这个顺序应该是:探测曲率→得到轮廓线→构造曲面片。

2. 探测曲率

选择菜单【精确曲面】→【探测曲率】,或单击工具栏中的【探测曲率】按钮。在管理器面板中弹出如图 6-4 所示的【探测曲率】对话框。选中【自动估计】复选框,【曲率级别】为 0.3。选中【简化轮廓线】复选框。单击【应用】按钮,得到如图 6-5 所示的轮廓线,单击【确定】按钮完成该命令。

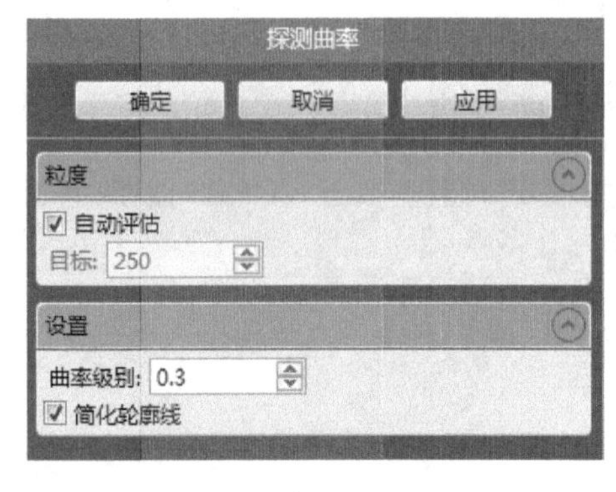

图 6-4 【探测曲率】对话框

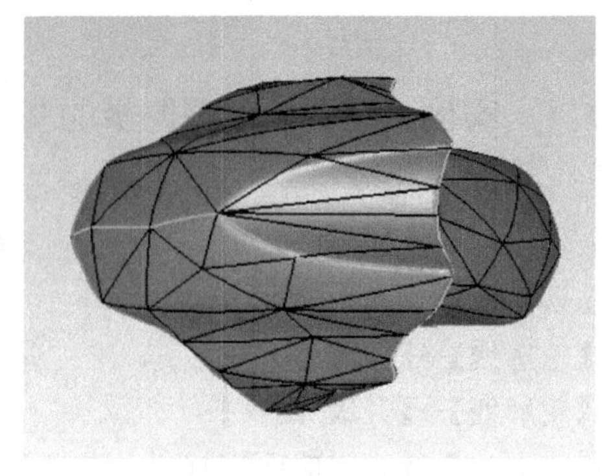

图 6-5 生成轮廓线

提示:【探测曲率】命令将会引导软件自动地依据模型曲面的曲率生成轮廓线。【自动估计】是让软件根据模型的复杂程度自动判断轮廓线的生成,当然也可以取消选中【自动估计】,在【目标】项中填写想要生成的轮廓线的条数。【曲率级别】决定了最高曲率线的临界值,它的值越小,最高曲率线的临界值就越小(即橘黄色线出现的可能性越大,这条线是模型的最高曲率线)。

主要操作命令说明——探测曲率。

单击【探测曲率】,系统会弹出【探测曲率】对话框。这个命令系统将自动根据所设计的探测粒度和曲率级别来划分曲面,用黑包线框将曲面划分为多个曲面片,并在曲率最大的区域生成橘黄色的轮廓线,但该操作不能与探测轮廓线同时使用,只能二选其一。

对话框中部分选项说明如下。

(1)【粒度】对话框:指探测曲率时用黑色线框将物体划分为网格的数目。

①【自动估计】:当选中该复选框时由系统自动决定黑色轮廓线框划分的网格数目。

②【目标】:目标数目框用来人为地确定黑色轮廓线网格的数目,便于用户定量分析。

(2)【设置】对话框用于设置探测曲率的参数。

①【曲率级别】:指在探测曲率时探测橘黄色轮廓线的不敏感性,所设的曲率级别越小,对曲率变化越明显,探测出的橘黄色轮廓线越多。

②【简化轮廓线】:选中该复选框可以简化生成的轮廓线。

3. 升级或约束轮廓线

单击工具栏中的【升级/约束】按钮,在管理器面板中弹出【升级/约束】对话框。单击如图 6-6 所示的黑色轮廓线,将它们升级成橘黄色线。如果错选了轮廓线,可以按着 Ctrl 键同时单击该轮廓线,取消升级或降级。升级后的轮廓线如图 6-7 所示。

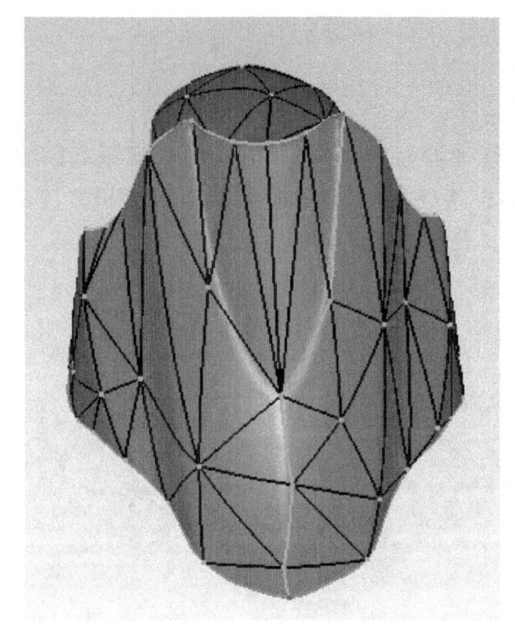

图 6-6　选择升级轮廓线

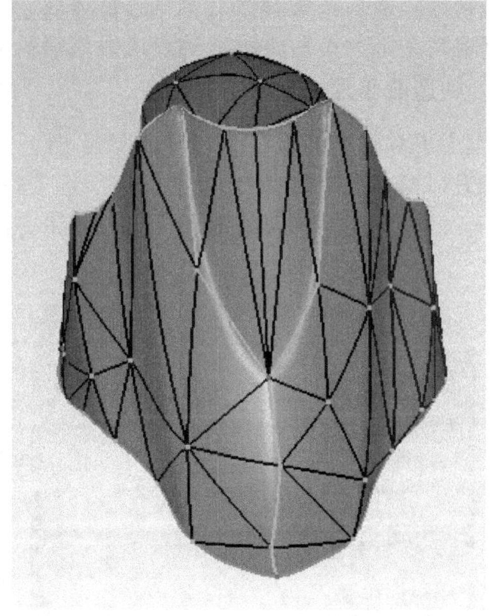

图 6-7　升级轮廓线效果

主要操作命令说明——升级/约束。

单击【升级/约束】，系统会弹出如图 6-8 所示的对话框。此命令用于对轮廓线或约束点进行升级或降级操作，可以将曲面片的分界线(黑色)升级为橘黄色的轮廓线，也可以用 Ctrl +单击橘黄色轮廓线降级为黑色分界线。

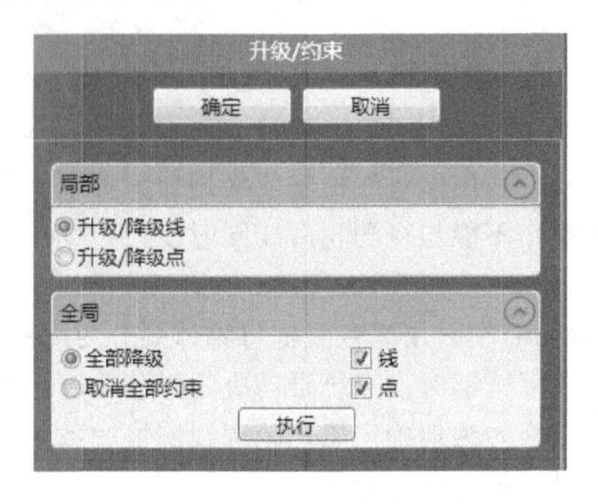

图 6-8 【升级/约束】对话框

对话框中部分选项说明如下。

(1)【局部】对话框：用于对局部的曲率线进行操作。

【升级/降级线】：选择该复选框可以通过直接单击或 Ctrl+单击轮廓线来升级或降级轮廓线；

【升级/降级点】：选择该复选框可以通过直接单击或 Ctrl+单击点来升级或降级点。

(2)【全局】对话框：用于进行全局操作。

【全部降级】：将所有的点或线进行降级。

【取消全部约束】：将所有的点或线取消约束。

4. 构造曲面片

单击工具栏中的【构造曲面片】按钮。在管理器面板中弹出如图 6-9 所示的【构造曲面片】对话框。选中【自动估计】复选框，选中【检查路径相交】复选框。单击【应用】按钮，得到如图 6-10 所示的曲面片，单击【确定】按钮完成该命令。

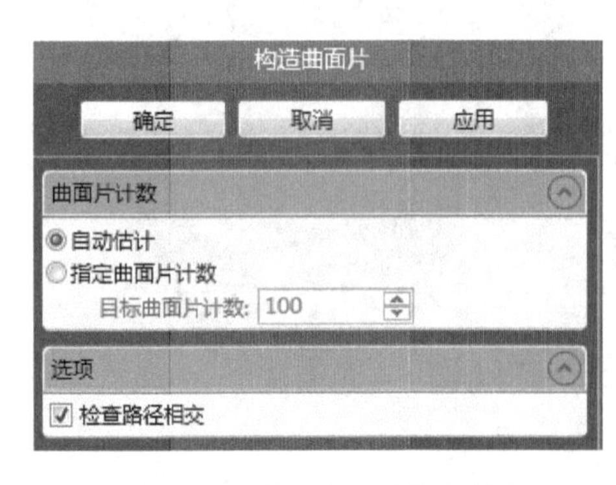

图 6-9 【构造曲面片】对话框

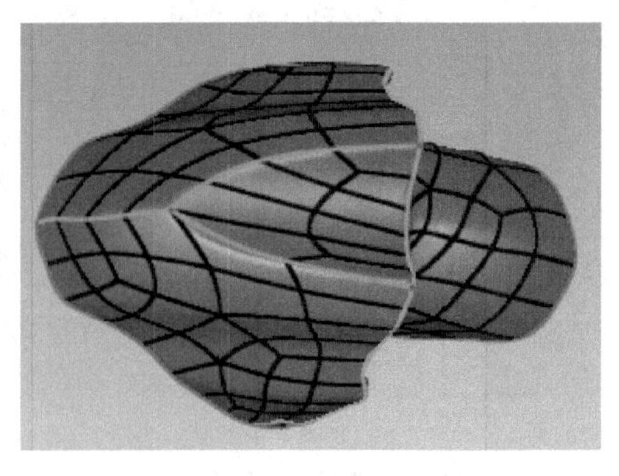

图 6-10 构造曲面片

5. 移动面板

(1)单击工具栏中的【移动面板】按钮，在管理器面板中弹出如图 6－11 所示的【移动面板】对话框。在【操作】一栏中选择【编辑】选项，这样就可以将轮廓线的顶点移动到想要的地方。在这里，首先调整视图到合适位置，选中要移动的节点不放，将节点移动到尽量靠近模型对称中心的位置。移动后的位置应该类似于图 6－12 和图 6－13 中的效果。

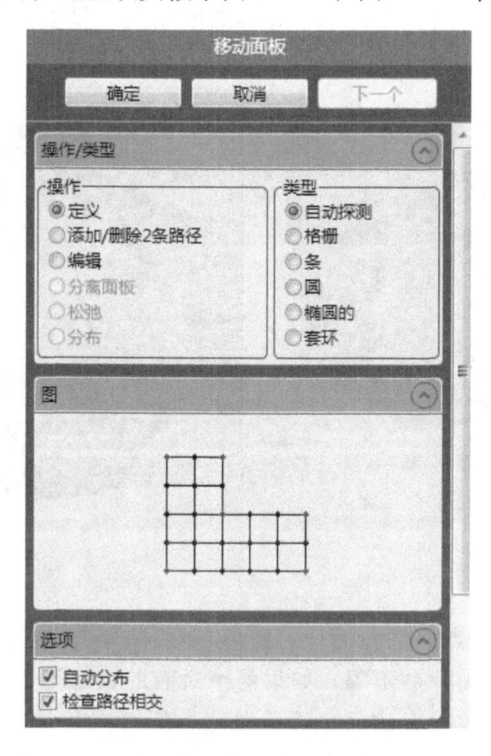

图 6－11　【移动面板】对话框

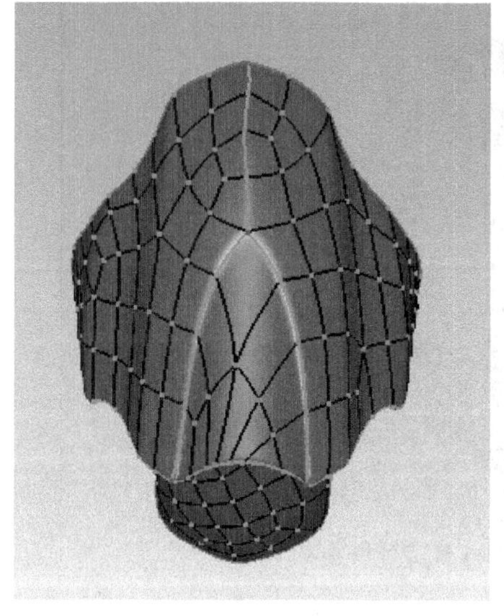

图 6－12　中间最高轮廓线

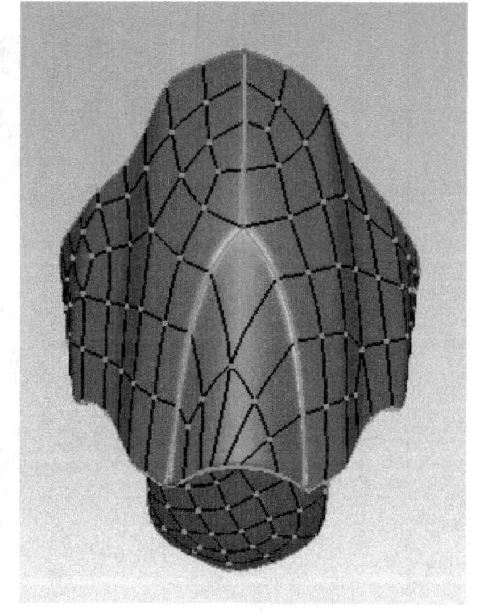

图 6－13　中间最高轮廓线布置

移动轮廓线顶点时要注意两点：

①轮廓线不可以相交；

②尽量使最高曲率线处于区域的最高位置，这对于生成的曲面片的质量是有好处的。

(2)下面开始对曲面片进行定义。在【操作/类型】一项中选择【定义】复选框，在【类型】一栏中选择【条】复选框。单击如图 6-14 所示区域的任何一个地方，该区域将会以白色的高亮形式显示，同时在轮廓线的节点上出现 4 个有圆圈的角点。单击每个角点，圆圈变成红色，如图 6-15 所示。

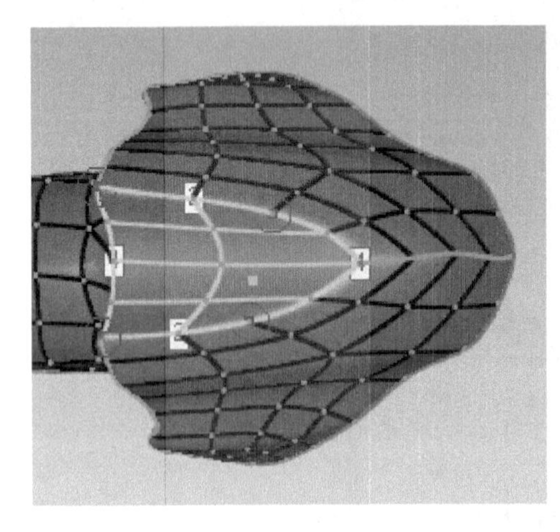

图 6-14　选择区域

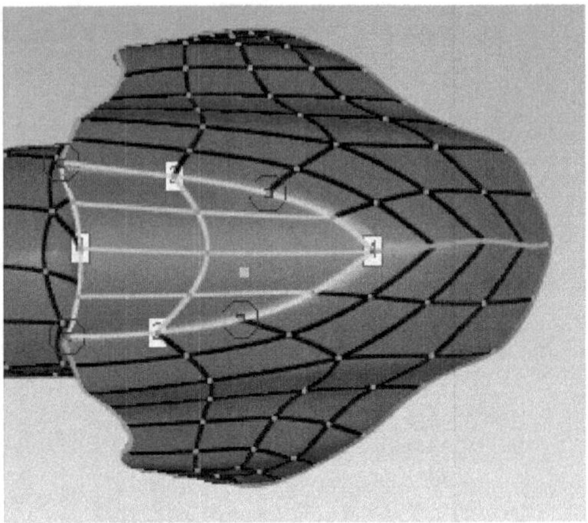

图 6-15　指定 4 个角点

图中的数字是每两个角点之间曲面片的数量，如果是绿色说明两对面的曲面片数相等；如果是红色，表示两对面的曲面片数不等。如果两个对面的数字不等，在【操作】一栏中选择【添加/删除 2 条路径】，然后在要改变的那个边上单击一下增加两个曲面片，或者按着 Ctrl 键同时单击来减少两个曲面片，在【类型】一栏中选择【格栅】单选框。单击【应用】按钮，曲面片被重新布局，如图 6-16 所示。

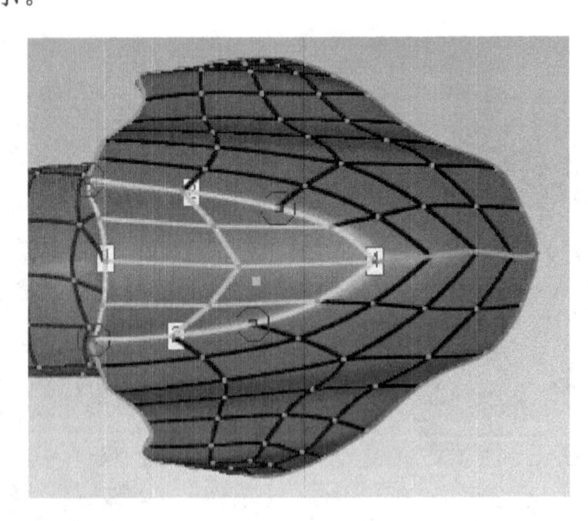

图 6-16　曲面片被重新布局

(3)单击【下一步】按钮,对侧面进行同样的操作,选择如图6-17所示的角点,可以看到,数字“5”和“4”显示为红色,说明左右不对称。选中【添加/删除2条路径】单选框,单击右侧角点,右侧自动增加一个节点,在【类型】一栏中选择【格栅】单选框,单击【执行】按钮,得到如图6-18所示的效果。

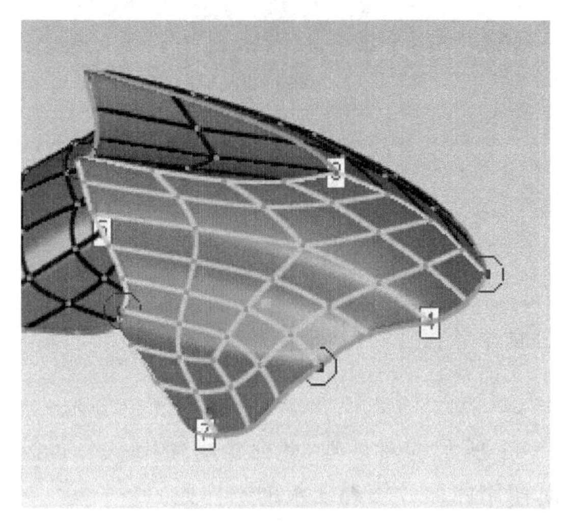

图6-17 选择区域

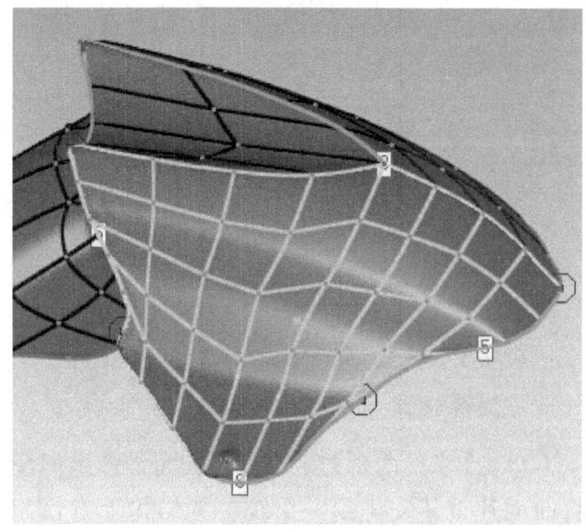

图6-18 布局效果(1)

(4)单击【下一步】按钮,对另一面进行处理。选择如图6-19所示的角点,在【类型】一栏中选择【格栅】单选框,单击【执行】按钮,得到如图6-20所示的曲面片。

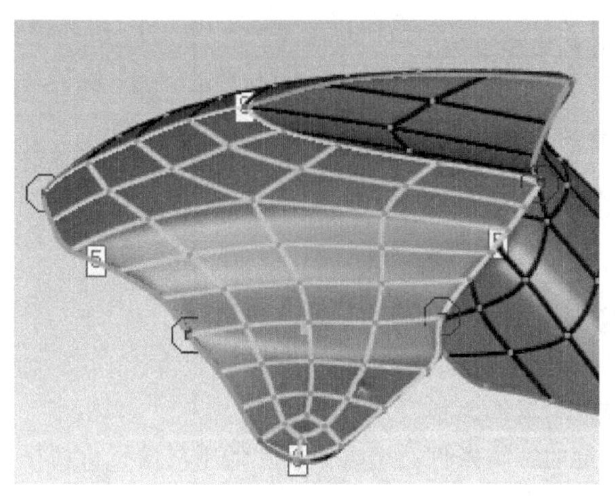

图6-19 选择另一区域

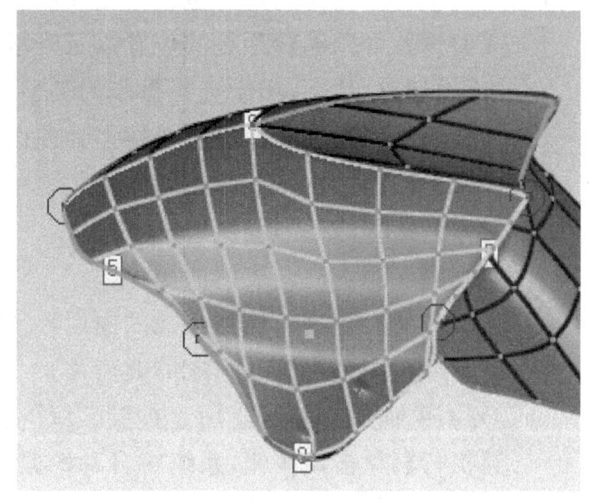

图6-20 布局效果(2)

单击【下一步】按钮,对后面进行同样的操作,选择这个面,如图6-21所示,因为这块面不规则,可以选择自动探测的方法。单击【执行】按钮,得到如图6-22所示的效果。

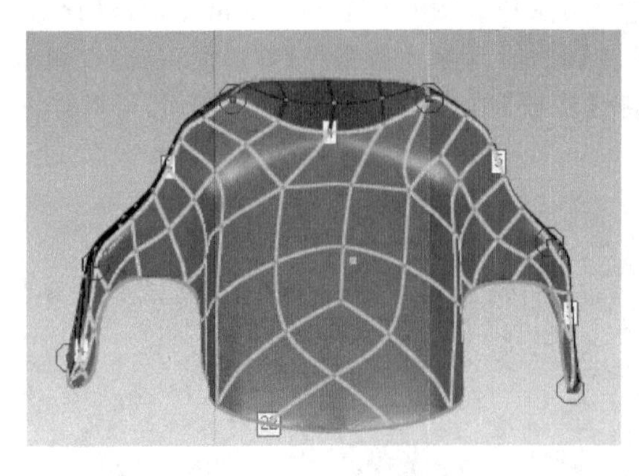

图 6-21　选择区域

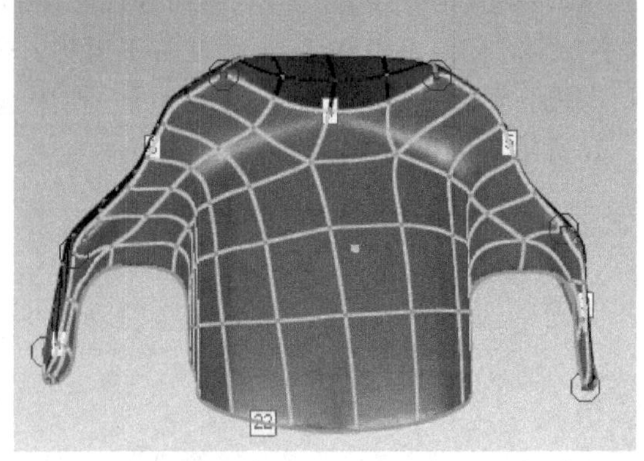

图 6-22　重新布局置

单击【确定】按钮退出命令，最终得到规则的曲面片形状。

主要操作命令说明——移动面板。

单击【移动面板】按钮，系统会弹出如图 6-11 所示的对话框，此命令将使用一个面板将曲面片重新安排到一个统一的结构上去，必要时使用曲面片填补面板的空白处。

对话框中部分选项说明如下。

(1)【操作/类型】对话框：用于选择操作的方法。

①【定义】：通过定义四边形的 4 个顶点来定义一个四边形曲面片。

②【添加/删除 2 条路径】：为了保证曲面片能够被均匀地划分，适当添加或删除围成曲面片的路径，来确保相对的边所包含的路径相同。

③【编辑】：可以编辑顶点的位置以及升级或约束轮廓线。

(2)【类型】对话框：用于选择操作的类型。

①【自动探测】：自动探测所要操作的曲面片。

②【格栅】：探测由格栅组成的曲面片。

③【条】：探测由条形线组成的曲面片。

④【圆】：探测由圆组成的曲面片。

⑤【椭圆的】：探测由椭圆组成的曲面片。

⑥【套环】：探测由套环组成的曲面片。

(3)【查看面板】对话框：用于查看已编辑或未编辑的面板。

①【执行】：单击该按钮，系统将自动根据设定的编辑条件对组成曲面片的网格进行重新排布，使其变得均匀。

②【填充空面板】：单击该按钮，系统可以自动地用黑色网格填充原来没有网格的曲面片。

③【检查路径相交】：检查曲面片上一级曲面片之间是否有相交的黑色网格线。

6. 编辑曲面片顶点

单击工具栏中的【修理曲面片】按钮，弹出【修理曲面片】对话框，如图 6-23 所示，在对话框中按默认选项。拖动曲面片顶点进行调整。对前端的调整效果如图 6-24 所示。可以根据模型的实际情况进行自由调节，调整满意后单击【确定】按钮完成该命令。

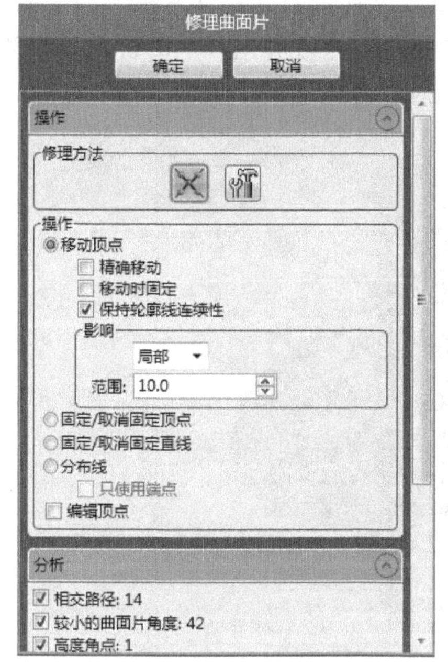

图 6－23　【修理曲面片】对话框

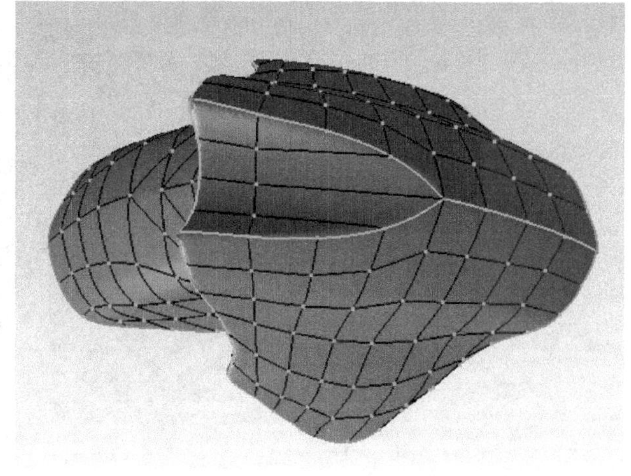

图 6－24　对前端的调整效果

7. 松弛轮廓线和曲面片

单击【松弛曲面片】按钮。这将有助于均匀地分布曲面片，得到的效果如图 6－25 所示。

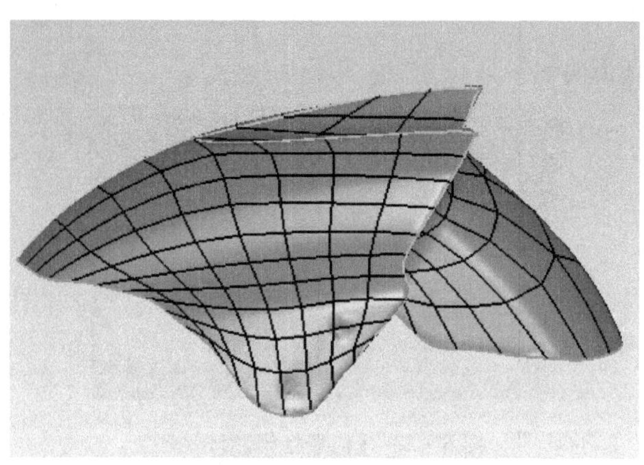

图 6－25　均匀分布曲面片

主要操作命令说明——松弛曲面片。

单击【松弛曲面片】按钮，可以使各个曲面片的高曲率或褶皱比较多的区域变得比较光滑，有线性的和曲线的两种方式来松弛。

8. 构建格栅

单击工具栏中的【构建格栅】按钮，设置【分辨率】为 20，并单击【确定】按钮。这意味着在每个曲面片里将会生成 20 个更小的曲面片，这些曲面片以直角的形式分布于大的曲面片里。NURBS 曲面的控制点将遵循这些格栅。单击【应用】按钮，生成如图 6-26 所示的模型。单击【确定】按钮退出命令。

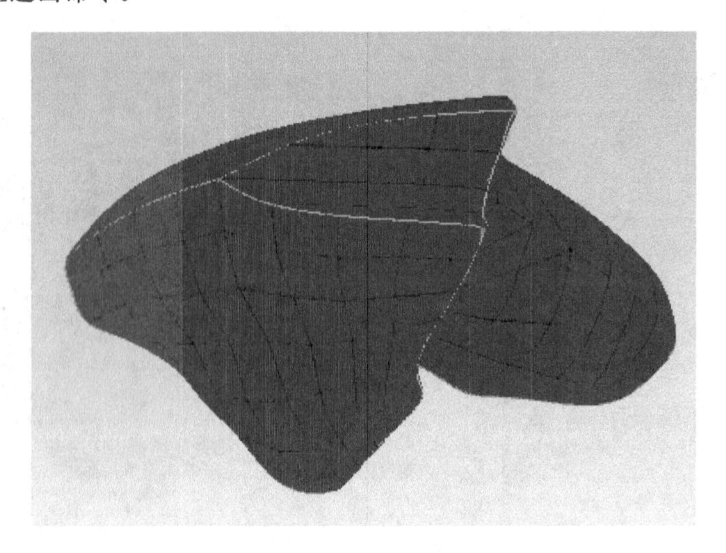

图 6-26　生成格栅

主要操作命令说明——构造格栅。

单击【构造格栅】图标，系统将弹出如图 6-27 所示的对话框，系统在指定分辨率的前提下在曲面片的外围生成一些网络状的网格，显示为蓝色，该操作可以用来修复一些相交区域，检查几何图形。

对话框中部分选项说明如下。

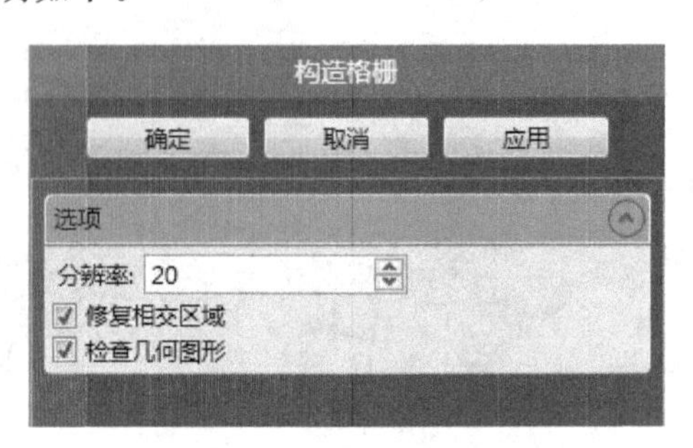

图 6-27　【构造格栅】对话框

(1)【分辨率】：设定分辨率为 n 时将在每个曲面片上构造 $n \times n$ 阶网格。(2)【修复相交区域】：用于检查相交的格栅并进行修复，通常需要选中该选项。

(3)【检查几何图形】：指定是否通知用户，一旦完成这个功能，不论是否存在不完善的区域都将通过使用格栅固定住。

9. 拟合曲面

单击工具栏中的【拟合曲面】按钮，选择【常数】单选框，设置【控制点】为 18，【表面张力】为 0.25。单击【确定】按钮，这项操作自动拟合一个连续的 NURBS 曲面到格栅网上。生成的 NURBS 曲面如图 6－28 所示。

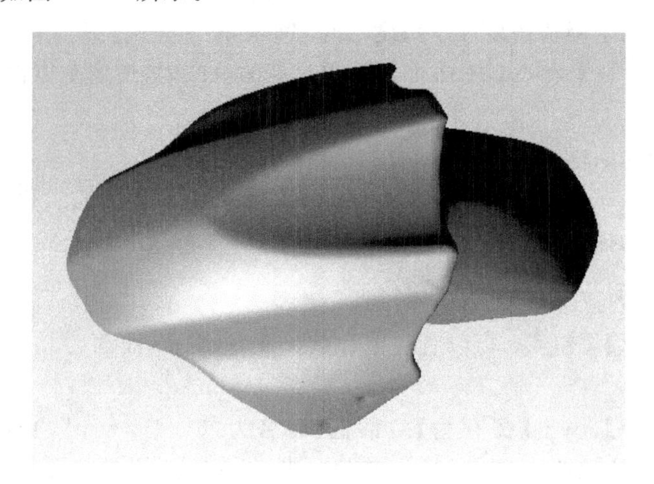

图 6－28　拟合曲面

主要操作命令说明——拟合曲面。

单击【拟合曲面】，系统将弹出如图 6－29 所示的对话框，以位于面板上的曲面片上的格栅为基础创建一个 NURBS 曲面。

对话框中部分选项说明如下。

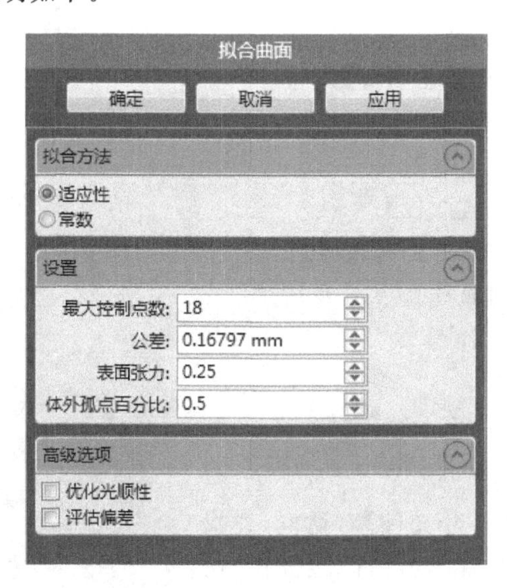

图 6－29　【拟合曲面】对话框

(1)【拟合方法】对话框：用于选择曲面拟合的方法。

①【适应性】：采用这种方法将优化每个曲面片内所使用的控制点的数量。

②【常数】：采用这种方法将建立一个含有常数个控制点的布局。

(2)【设置】对话框：用于设置拟合的参数。

①【最大控制点数】：指定了控制点数的最大值。

②【公差】:指定 NURBS 曲面相对原始曲面片偏离的最大距离。

③【表面张力】:用于调整精度和平滑度之间的平衡。

④【体外孤点百分比】:在 NURBS 曲面公差允许的范围内,指定基本网格内可以超出公差的点的百分比。

(3)【高级选项】对话框:用于设定拟合的更具体的参数。

①【优化光顺性】:在公差允许范围之内保证 NURBS 曲面尽可能光滑。

②【评估偏差】:选择该按钮将在拟合后显示其偏差值。

主要操作命令说明——自动曲面化。

单击【自动曲面化】按钮,可以直接拟合出一个 NURBS 曲面。

10. 保存文件

选择菜单【另存为】,弹出【另存为】对话框,命名为“6 - 1a. wrp”,也可在【类型】中选择“IGES”或“STEP”等其他曲面文件,导入其他一些建模软件作进一步的处理。在这里选择【IGESFile】,单击【保存】按钮,即可保存为“6 - 1a. igs”。

6.3.2 实例 B 探测轮廓线的米老鼠头像曲面化流程

目标:本实例的任务是进入形状阶段,使用【探测轮廓线】工作流程,在多边形模型上创建一个 NURBS 曲面。

该阶段用到的基本技术命令:

(1)【精确曲面】;

(2)【轮廓线】→【细分/延伸轮廓线】;

(3)【轮廓线】→【升级/约束】;

(4)【曲面片】→【构建曲面片】;

(5)【曲面片】→【移动】→【面板】;

(6)【曲面片】→【松弛曲面片】→【直线】;

(7)【曲面片】→【编辑曲面片】;

(8)【格栅】→【构造格栅】;

(6)【拟合曲面】。

1. 打开附带光盘中的“6 - 2. wrp”文件

启动 Geomagic Studio 软件,单击工具栏上的【打开】按钮,系统弹出【打开文件】对话框,查找并选中“6 - 2. wrp”文件,然后单击【打开】按钮,在工作区显示多边形模型如图 6 - 30 所示。这个模型大概包含了 49469 个三角形。

图 6 - 30 米老鼠模型

2. 进入形状阶段的准备工作

在进入形状阶段之前,先对多边形创建流型并修复相交区域。选择菜单栏【多边形】→【流形】→【开流形】,或者单击工具栏中的【创建流型】按钮,将创建打开的流型。选择菜单栏中的【多边形】

→【网格医生】,或者单击工具栏中【网格医生】按钮,如果模型三角形比较好的话就会弹出如图 6-31 所示的提示,单击【应用】按钮,所有分析问题为 0,单击【确定】按钮退出命令。

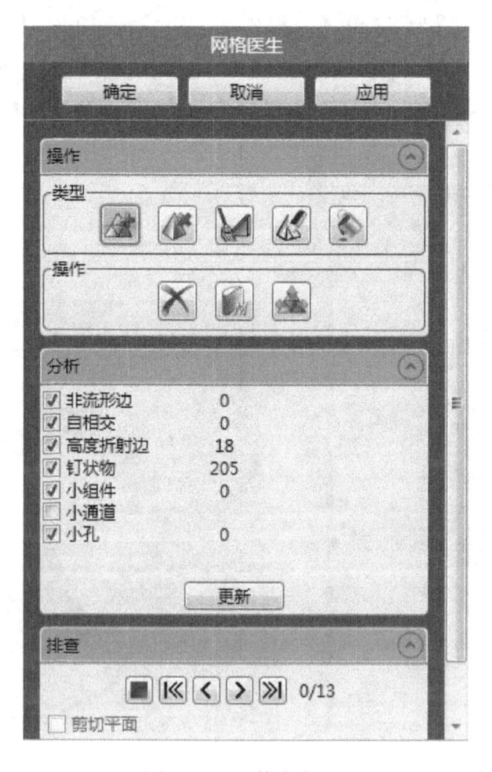

图 6-31　修复提示

3. 进入精确曲面

单击工具栏中的【精确曲面】按钮,在主窗口中弹出如图 6-32 所示的进入【精确曲面】对话框,单击【确定】按钮,新建一个曲面片布局图。在模型管理器中出现一个如图 6-33 所示的曲面阶段的图标。

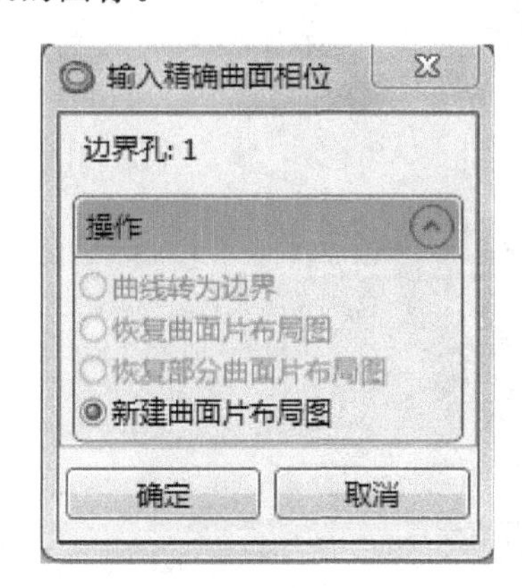

图 6-32　进入【精确曲面】对话框

图 6-33　曲面阶段图标

4. 探测轮廓线

单击工具栏中的【探测轮廓线】按钮，在管理器面板中弹出【探测轮廓线】对话框，如图 6-34 所示，设置【曲率敏感度】为 80.0，【分隔符敏感度】为 40.0，其他为默认值。单击【计算】按钮，经过计算，生成如图 6-35 所示的红色曲率线（轮廓镶边）。在这里，可以用鼠标左键在模型上增加或者减少一些轮廓镶边，从而得到规则的轮廓镶边，如图 6-36 所示。

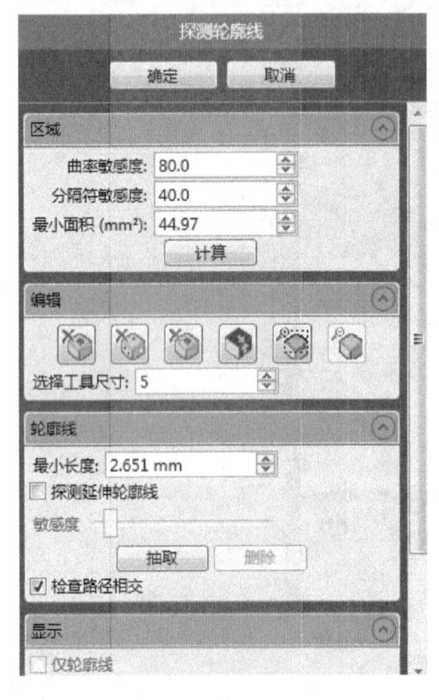

图 6-34 【探测轮廓线】对话框

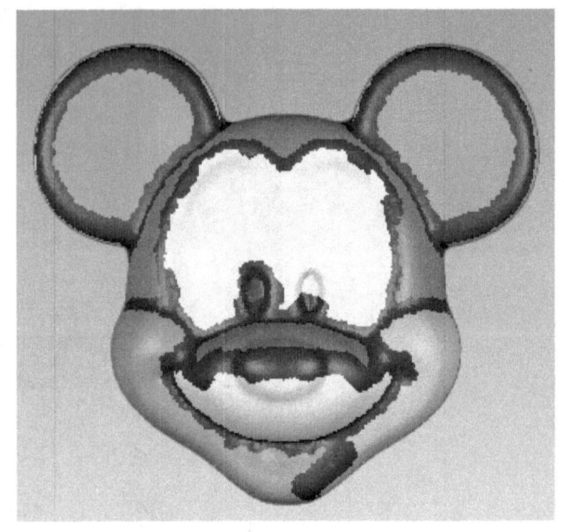

图 6-35 红色曲率线

图 6-36 调整后的曲率线

选中对话框中的【探测延伸轮廓线】多选框，调节【敏感度】滑块直到将所有的轮廓线都变成黄色。选中【检查路径相交】单选框，以便自动地检查是否有曲线相交。单击【抽取】按钮，轮廓线即被抽取出来，如图 6-37 所示的。

图 6－37　抽取轮廓线

如果只选择【仅轮廓线】多选框，窗口中就会只会出现轮廓线。如果只选中【曲率图】多选框，窗口中就会显示出模型的曲率变化。单击【确定】按钮退出命令。

提示：能被【探测延伸轮廓线】命令探测到的轮廓线都是黄色的，这种轮廓线能被后面的【细分/延伸轮廓线】命令用到。没被该命令探测到的轮廓线呈现红色，在【细分/延伸轮廓线】命令中不能被延伸。

主要操作命令说明——探测轮廓线。

构造轮廓线有两种方法，一种是探测曲率，系统自动划分出曲率过渡较大的曲面，然后再进行轮廓线的约束以及曲面片的构造来进行拟合；另一种则是通过探测轮廓线，手动划分曲面来进行曲面片的构造进而拟合曲面。两种方法可以根据具体情况选择其中一种。

单击【探测轮廓线】按钮，系统会弹出如图 6－38 和图 6－39 所示的对话框。系统将自动用红色分隔符将曲率过渡敏感的区域分离为几个不同的区域，并以不同的颜色显示。

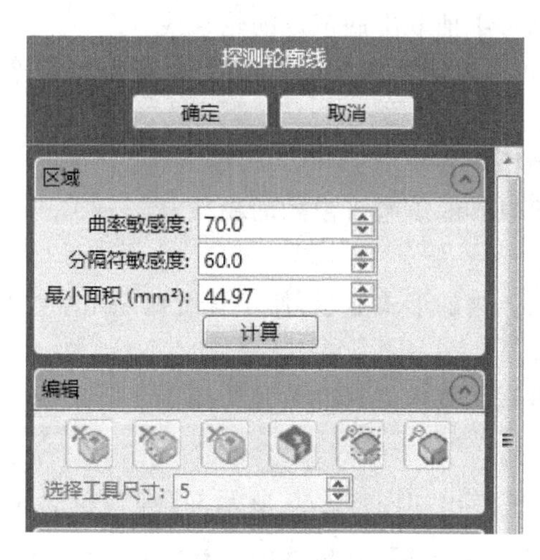

图 6－38　探测轮廓线参数

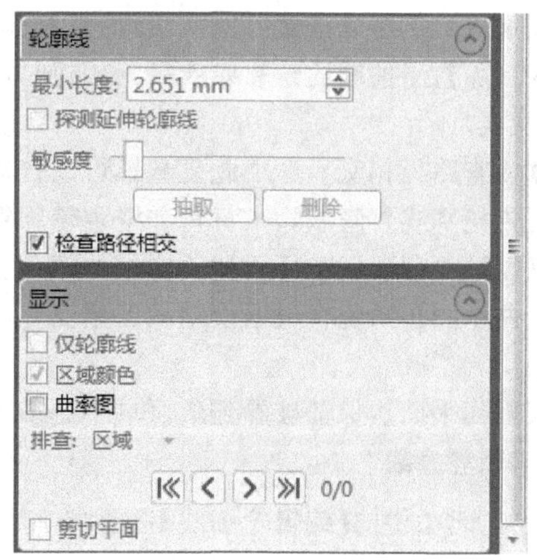

图 6－39　创建轮廓线

对话框中部分选项说明如下。

(1)【区域】对话框:用于设置区域划分的参数。

①【曲率敏感度】:用于设置探测轮廓线时对模型表面趋率变化的敏感程度,所设的曲率敏感越大,探测的不同曲率的曲面片的数目越多,一般选择默认值。

②【分隔符敏感度】:用于设置确定分割符的相关宽度,是红色分隔符对曲率变化的敏感性,所设的敏感性越大时,分隔符越宽。

③【最小面积】:指所探测的相近曲率区域(即同一颜色显示)的最小面积,该命令可以避免系统选到一些过小的曲面片,影响轮廓线的抽取。

④【计算】:单击该按钮就可以根据以上参数计算划分区域。

(2)【编辑】对话框:用于对探测到的区域进行编辑。

①【删除孤岛】:取消分割符选择的孤立的、脱离主选域的那些小区域。用于删除探测后自动出现的孤立分隔符或 Ctrl+左键删除一部分分隔符后可能会出现的孤立的分隔符小岛。

②【删除小区域】:取消选择面积较小的选中区域,建议在编辑之前先单击删除小区域的图标,删除分隔符中过小的区域,避免出错。

③【填充区域】:当探测出的区域在两道分隔符中间时,如这种情况没有必要,可以单击中间没有分隔符的区域,这时这个区域就会被分隔符覆盖,不再成为单独的区域。

④【合并区域】:打破区域之间的红色分割线,将两个或两个以上的区域合并成为一个区域。

⑤【只查看所选】:单击该按钮可以选择只查看选择的区域。

⑥【查看全部】:当处于“只查看所选”状态时,可以单击该按钮返回“查看全部”的状态。

⑦【选择工具尺寸】:可以用来调整画笔的大小,这样便于划分大小不一的区域。

(3)【轮廓线】对话框:用于创建轮廓线。

①【最小长度】:用于设定轮廓线两节点之间的最小长度。

②【探测延伸轮廓线】:指定是否产生两个橘黄色(不可扩展)和两个黄色(可扩展)的等高线。

③【敏感度】:设置显示大半径倒圆边缘敏感程度。

④【抽取】:单击该按钮可以从编辑好的分隔符中抽取出橘黄色的轮廓线。

⑤【删除】:当抽取的轮廓线效果不理想时,可以单击删除按钮,将抽取的轮廓线删除,重新编辑轮廓线。

⑥【检查路径相交】:选中此复选框可以自动检查相交的延伸线,显示问题。

⑦【仅轮廓线】:隐藏除了黄色和橙色轮廓线以外的所有可视的面积。

⑧【区域颜色】:用于显示相关区域的颜色。

⑨【曲率图】:系统将根据模型的曲率变化以色谱的形式显示,便于查看前期轮廓线划分是否合理。

⑩【剪切平面】:保证被看到的区域不会被可视区域内的其他单元所掩盖。

5. 编辑轮廓线

单击工具栏中的【编辑轮廓线】按钮,系统弹出如图 6-40 所示的【编辑轮廓线】对话框。将需要调整的轮廓线调整到准确的位置并松弛轮廓线。单击【确定】退出命令。编辑过的轮廓线如图 6-41 所示。

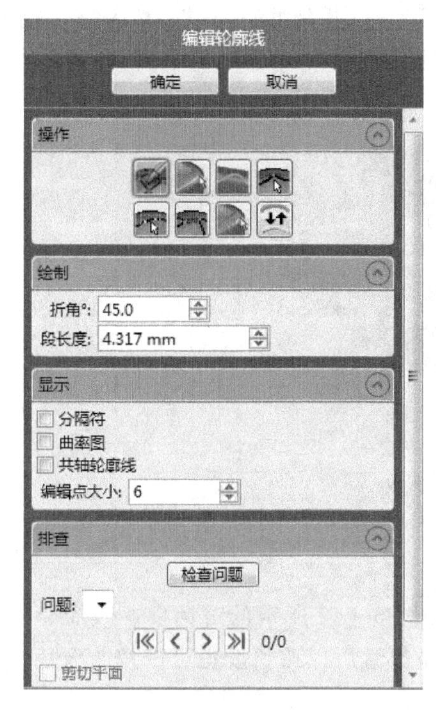

图 6-40　【编辑轮廓线】对话框

图 6-41　编辑轮廓线

6. 细分/延伸轮廓线

单击工具栏中的【细分/延伸轮廓线】按钮，系统弹出如图 6-42 所示的【细分/延伸轮廓线】对话框。单击【全选】按钮，将所有的轮廓线全部选中。选中【细分】和【按长度】单选框，

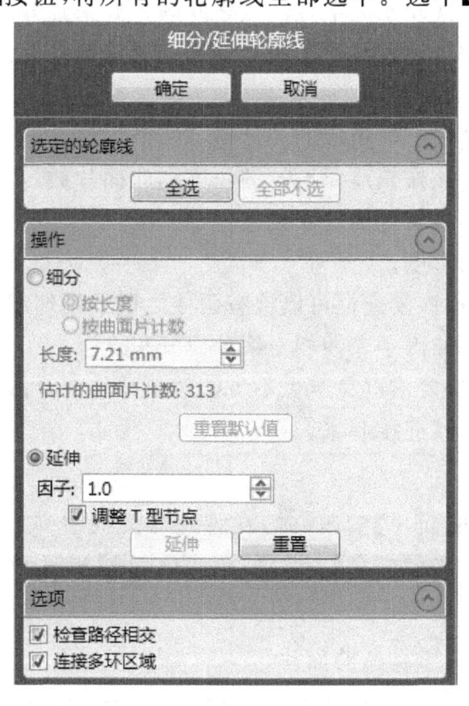

图 6-42　【细分/延伸轮廓线】对话框

在【长度】项中有软件自动估计的细分轮廓线的长度值。选中【延伸】多选框，单击【延伸】按钮，轮廓线被向两边延伸，如图 6-43 所示，改变【因子】的值可以改变延伸的距离，此处选择默认值 1.0。单击【确定】按钮退出命令。

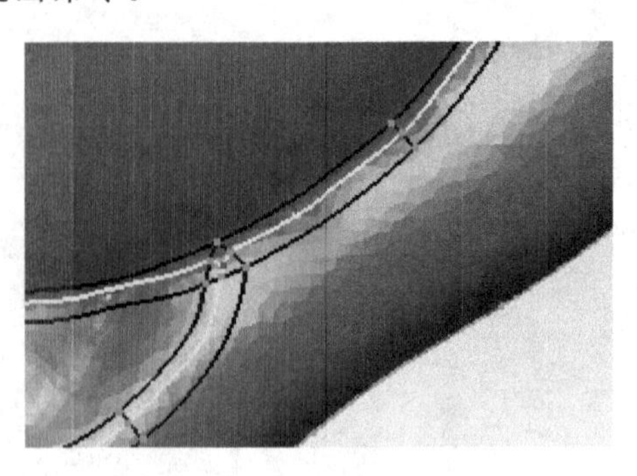

图 6-43　延伸轮廓线

主要操作命令说明——细分/延伸轮廓线。

单击【细分/延伸轮廓线】按钮，系统会弹出如图 6-42 所示的对话框。该命令用于对探测的轮廓线进行细分操作和延伸操作。选择细分操作时可以按长度也可以按曲面片的数目进行，将轮廓线划分为更小的小段。

对话框中部分选项说明如下。

(1)【全选】：单击该按钮可以选择全部轮廓线。

(2)【全部不选】：单击该按钮取消选择全部轮廓线。

(3)【细分】：选择该复选框将进行细分操作。

(4)【按长度】：按指定所选轮廓线上控制点之间的距离来细分。

(5)【按曲面片计数】：按指定所选轮廓线上控制点的数量以及设定沿着该轮廓线所毗邻的曲面片数量来细分。

(6)【长度】：用于按长度细分时每段的长度值。

(7)【重置默认值】：单击该按钮还原原始的长度和曲面片数。

(8)【延伸】：延伸线将围绕黄色的轮廓线建立。

(9)【因子】：控制延伸的宽度。

⑩【检查路径相交】：选择该复选框可以检查延伸之后的延伸线是否相交，若有相交线必须进行重新延伸或通过调节延伸因子来使相交线分离开来。

⑪【连接多环区域】：如果要求避免产生不支持的拓扑结构，可以选择该复选框创建不可延伸的轮廓线来将这些闭环区域连接起来。

7. 构造曲面片

单击工具栏中的【构造曲面片】按钮，在管理器模板中弹出的【构造曲面片】对话框中选择【自动估计】，选中【检查路径相交】多选框，单击【应用】按钮，如图 6-44 的曲面片被构造出来。单击【确定】按钮退出命令。

主要操作命令说明——构造曲面片。

单击【构造曲面片】按钮，系统会弹出如图 6-45 所示的对话框，此命令将曲面划分为多个曲面片，系统自动在这个多边形曲面上放置近似 90°的四边曲面。要注意检查路径相交，如果检查到交叉路径，系统会提示【已检查到交叉路径，请使用编辑轮廓线命令，避免出现曲面错误】，这时就要在编辑轮廓线时注意相交区域的调整。

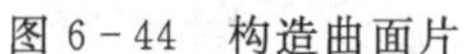

图 6-44　构造曲面片

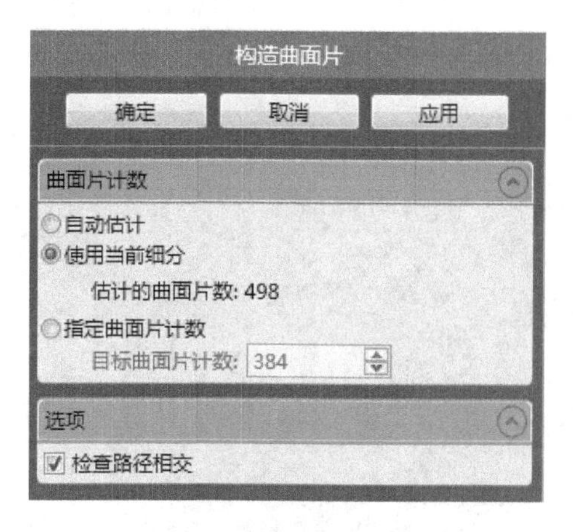

图 6-45　【构造曲面片】对话框

对话框中部分选项说明如下。

【曲面片计数】对话框：用于设定曲面片的计数方法。

①【自动估计】：选择该复选框，系统将自动计算目标的曲面片数。

②【使用当前细分】：如果模型已经构造过曲面片可以选择该复选框，使用当前估计的曲面片数。

③【指定曲面片计数】：选择该复选框系统将根据设置的曲面片数量来划分曲面片。

8. 定义划分曲面片

者单击工具栏上的【移动面板】按钮，弹出【移动面板】对话框。选中【定义】单选框，构建曲面片分布。在前面的例子中已经练习过曲面片的构造，所以这里不再进行详细的讲解，具体的操作方法可以参考 6.3.1 节实例 A。划分的轮廓线如图 6-46 所示。单击按钮【确定】退

图 6-46　划分好轮廓线

出命令。

9. 松弛曲面片

为了更加均匀地分布曲面片，需要将曲面片进行松弛。单击工具栏上的【松弛曲面片】按钮，松弛前后的曲面片分别如图 6－47 和图 6－48 所示。可以根据实际需要决定松弛的次数。

图 6－47　松弛前

图 6－48　松弛后

10. 编辑曲面片

单击工具栏上【编辑曲面片】按钮，在弹出的【修理曲面片】对话框中选择【移动顶点】单选框，选中【精确移动】和【保持轮廓线连续性】复选框。在【影响】下拉选项中选【局部】，设置【范围】为 10.0，选中【编辑顶点】复选框。用鼠标左键移动模型上的顶点，使轮廓线尽量的平直。编辑前后的效果分别如图 6－49 和图 6－50 所示。单击【确定】按钮退出命令。

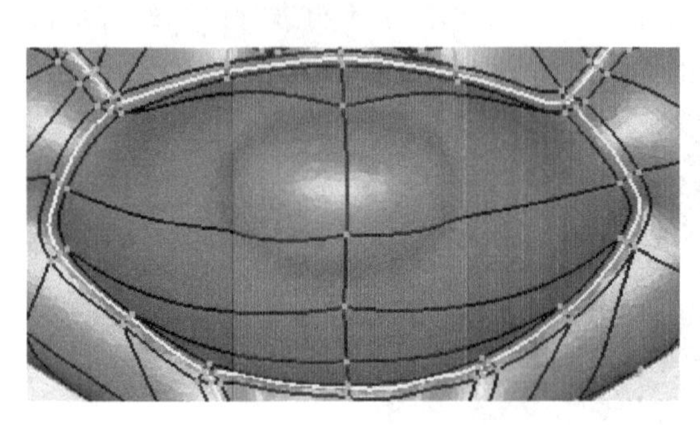

图 6－49　编辑前

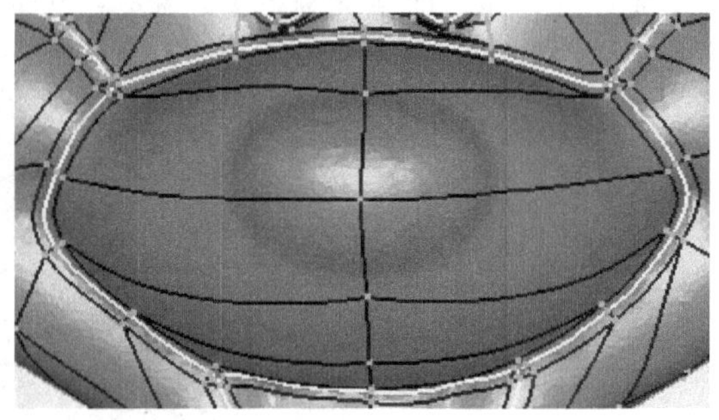

图 6－50　编辑后

11. 构建格栅

单击工具栏上的【构造格栅】按钮，在弹出的【构造格栅】对话框中选中【修复相交区域】和【检查几何图形】多选框，设置【分辨率】为 20。分辨率的值决定了曲面片细节的多少。单击【应用】按钮，如图 6－51 所示的一个曲面模型即构建完成。单击【确定】按钮退出命令。

图 6-51　构建格栅

12. 拟合曲面

单击工具栏上的【拟合曲面】按钮，在弹出的【拟合曲面】对话框中选择【适应性】单选框，在【高级选项中】选中【执行圆角处 G2 连续性修复】、【优化光顺性】和【评估偏差】复选框，其他选默认值，单击【应用】按钮，经过计算，如图 6-52 所示的曲面被拟合出来。在对话框的下面会显示出曲面拟合的统计误差，如图 6-53 所示。单击【确定】按钮退出命令。

图 6-52　拟合曲面

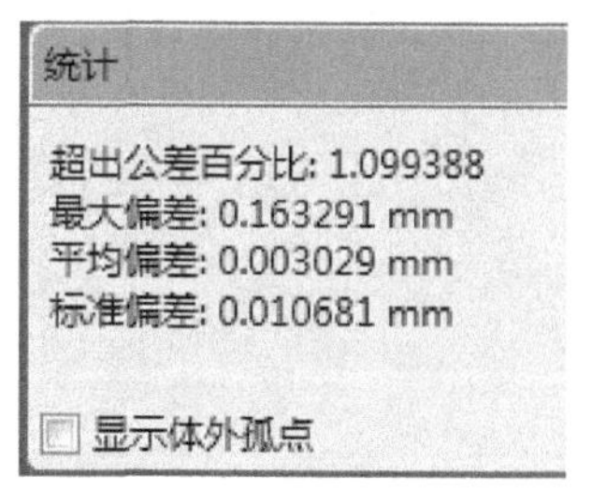

图 6-53　误差统计

13. 保存文件

一旦完成了 NURBS 曲面的拟合，就可以输出曲面数据到其他的 CAD 或 CAM 系统。这里有许多支持的格式，比如 IGES、STEP 和 VDA 等。选择菜单【另存为】，弹出【另存为】对话框，选择合适的路径，将文件命名为“6-2a”，在【类型】下拉列表中选择需要的格式，单击【保存】按钮即可。

本章小结

通过以上对精确曲面阶段技术处理命令列表的介绍，使学习者对精确曲面阶段的技术操作流程有了整体了解；通过对工具栏命令功能的介绍，使学习者对精确曲面阶段的各个技术命令有了初步的了解；通过两个实例的创作并介绍主要操作命令，使学习者对各个创作环节的技术实际运用有了进一步的掌握，其中包括一些操作技巧和实际经验的介绍。这些处理技巧的掌握需要在实际的操作中进行体会，需要不断地尝试和操练。

思考题

1. 如何通过参数设置来探测到效果最佳的模型轮廓线？
2. 如何根据用户需要编辑操作得到理想的轮廓线？
3. 如何处理大量轮廓线相交的情况，尤其在移动轮廓线操作之后依然存在问题的时候？
4. 曲面片处理中，移动面板奇数边如何处理才能得到理想的曲面片分布？
5. 格栅检查时出现相交情况，如何去除相交问题？

第7章　Geomagic Studio 参数曲面阶段处理技术

学习目标

掌握 Geomagic Studio 参数曲面技术命令的基本操作，理解各个命令的功能和操作方法，并通过实例操作来掌握操作步骤；通过效果图片，使读者更加直观和清晰地看到各个操作命令的实际效果，从而使大家更快地掌握参数曲面阶段的操作。

掌握生成以及编辑轮廓线操作，并根据轮廓线划分的各个曲面进行分类、定义以及分析等操作，最终生成 NURBS 曲面。

学习要求

能力目标	知识要点
掌握参数曲面技术命令	探测轮廓线、编辑轮廓线、延伸轮廓线、编辑延伸、创建修剪曲面
通过实例操作过程总结操作技巧	系列技术命令

7.1　参数曲面阶段基本功能介绍

Geomagic Studio 参数曲面阶段是根据多边形阶段下的三角形网格曲面进一步生成 NURBS 曲面，其主要思路及流程是：首先，根据曲面表面的曲率变化生成轮廓线，并对轮廓线进行编辑达到理想效果，通过轮廓线的划分将整个模型分为多个曲面；其次，根据轮廓线进行延伸并编辑，通过对轮廓线的延伸完成各个曲面之间的连接部分；最后，对各个曲面进行定义，并拟合各个曲面及曲面之间的连接部分。

GeomagicStudio 参数曲面阶段基本操作流程图如图 7－1 所示。

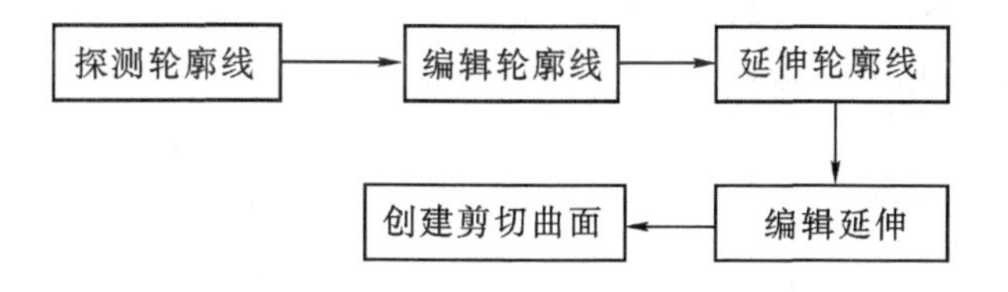

图 7－1　参数曲面阶段基本操作流程图

7.2　参数曲面阶段主要操作命令列表

参数曲面阶段的主要操作命令在菜单【参数曲面】下，如图 7-2 所示。

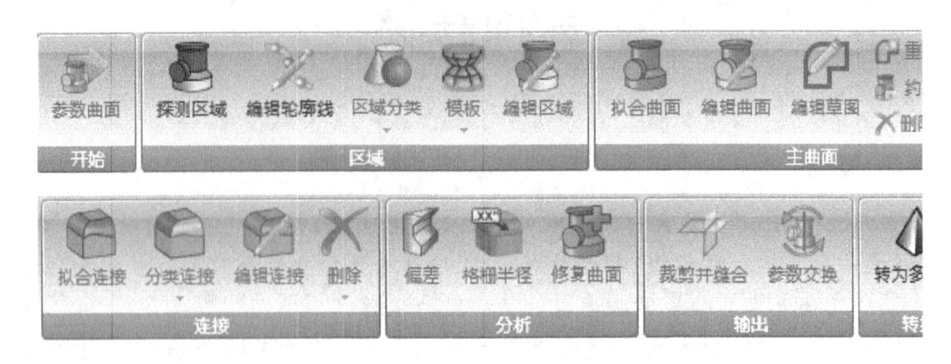

图 7-2　菜单栏命令

工具栏命令如下：

(1)探测区域；　(2)编辑轮廓线；　(3)区域分类；　(4)模板；
(5)编辑区域；　(6)拟合曲面；　(7)编辑曲面；　(8)拟合连接；
(9)分类连接；　(10)编辑连接；　(11)偏差；　(12)裁剪并缝合；
(13)参数交换。

7.3　参数曲面阶段应用实例——弯管

本节以弯管在参数曲面阶段下的制作为例进行说明。

目标：将多边形阶段下处理完毕的模型进入到参数曲面阶段进行生成曲面操作，得到符合光顺和精度要求的 NURBS 曲面。

本实例需要应用的主要技术命令如下：

(1)【参数曲面】→【探测区域】；
(2)【参数曲面】→【编辑轮廓线】；
(3)【参数曲面】→【区域分类】；
(4)【参数曲面】→【拟合曲面】；
(5)【参数曲面】→【拟合连接】。

本实例主要有以下几个步骤：

(1)生成轮廓线。
(2)区域分类。
(3)拟合曲面。

1. 打开附带光盘中的“7→1. wrp”文件

启动 Geomagic Studio 软件，单击工具栏上的【打开】按钮，系统弹出【打开文件】对话框，查找并选中“7-1. wrp”文件，然后单击【打开】按钮，在工作区显示点云数据，如图 7-3

所示。

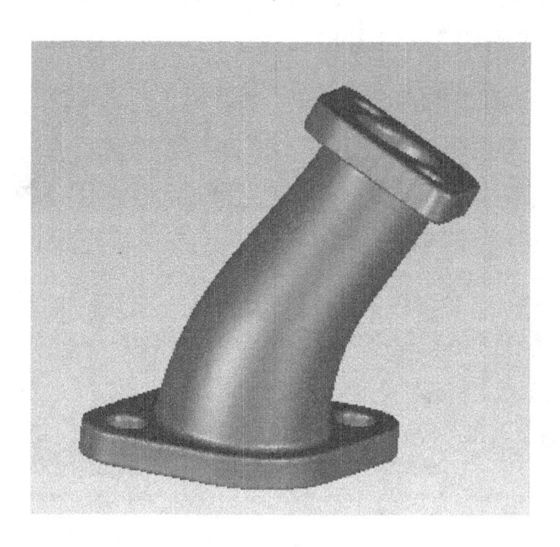

图7-3　弯管图

2. 进入到参数曲面阶段下

在多边形阶段处理完毕后，进入到参数曲面阶段进行下一步的操作。单击工具栏上的【参数曲面】按钮，进入参数曲面阶段。

3. 探测区域

单击工具栏上的【探测区域】按钮，系统弹出如图7-4所示对话框。在【区域】编辑框中，设置【曲率敏感度】为70，【分隔符敏感度】为60，【最小面积】为默认值，单击【计算】按钮。对分隔符进行编辑，得到的分隔符如图7-5所示。

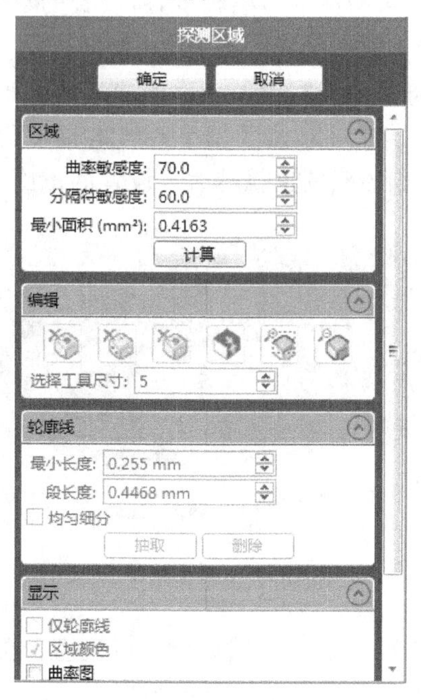

图7-4　【探测区域】对话框

在【轮廓线】编辑框中，【最小长度】和【段长度】设置为默认值，选中【均匀细分】选项框，单击【抽取】按钮。完成后单击【确定】按钮退出命令。

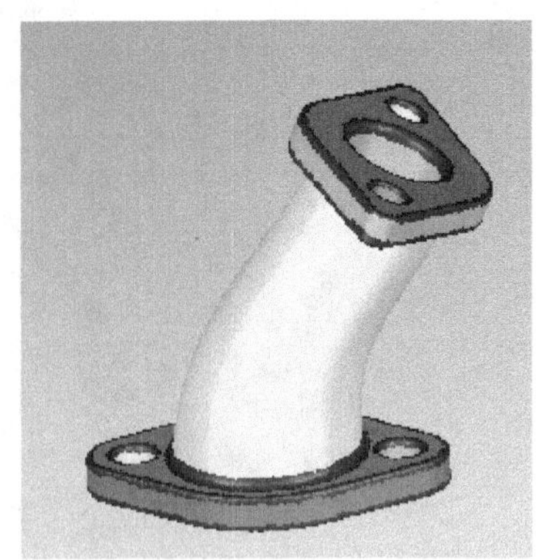

图 7-5　生成分隔符

主要操作命令说明——探测区域。

【探测区域】命令是根据模型表面的曲率变化生成的轮廓线，目的是通过生成的轮廓线对整个模型表面进行区域划分，以达到后期对各个曲面区域进行定义等操作。所以进入参数曲面阶段首先要对模型的轮廓线进行探测，才能依次完成后续操作。

单击工具栏中的【探测区域】按钮，系统会弹出如图 7-4 所示的对话框。

对话框中部分选项说明如下。

(1)【区域】编辑框：设置探测参数并对模型表面进行计算。

①【曲率敏感度】：模型表面可探测的敏感程度，所设置的数值越大，敏感程度就越高，可探测到模型表面曲率变化较小的轮廓。设置范围为 0～100。

②【分隔符敏感度】：分隔符是指根据模型表面的曲率变化而生成的用于划分各个区域的分隔红色区域，如图 7-6 所示。通过对该区域中心线的抽取得到轮廓线。所设置的数值越大，敏感程度越高，分隔符所覆盖的范围也就越大。设置的范围为 0～100。

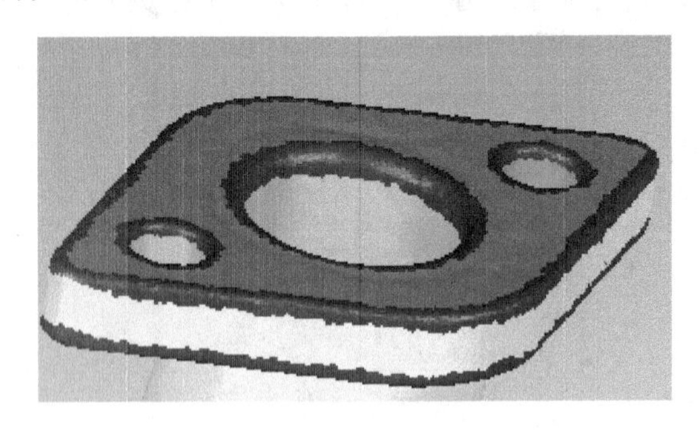

图 7-6　分隔符

③【最小面积】：划分模型表面的最小面积单位。所设置的数值越小，划分的单位就越小，得到的分隔符就越准确，计算的时间也越长。一般根据模型的大小进行相关设置。

④【计算】：单击此按钮，系统根据以上 3 个参数开始计算模型的表面，并生成分隔符。计

算完毕后,【编辑】编辑框中的图标框由灰暗变为明亮,处于可编辑状态。

(2)【编辑】编辑框:对【区域】编辑框中自动生成的分隔符进行手动编辑,可得到理想的分隔符。由于分隔符直接影响到生成的轮廓线,所以绘制理想的分隔符可得到理想的轮廓线,并减少后期编辑轮廓线的工作量。

①【删除岛】:删除分隔符中非闭合并且与其他分隔符部分无连接区域的分隔符。

②【删除小区域】:删除分隔符中比较小的区域。

③【填充区域】:填充闭合的分隔符,单击此按钮后,选择要填充的闭合分隔符区域,单击鼠标左键完成填充。

④【合并区域】:合并相隔的两个封闭的分隔符区域。单击此按钮后,选择要合并的两个相邻区域,拖动光标完成合并。

⑤【只查看所选】:只查看操作人员所选择区域的分隔符。单击此按钮后,拖动鼠标光标选择要查看的区域。

⑥【查看全部】:查看全部分隔符,只有进行了【只查看所选】命令后方可激活该命令。

⑦【选择工具尺寸】:可通过【选择工具】中的【画笔工具】或其他工具进行手动绘制,该选项设置选择工具的尺寸大小,所设置的数值越大,尺寸就越大。设置数值范围为1～20。

(3)【轮廓线】编辑框:通过对相关选项的设置,对分隔符的中心线进行抽取得到轮廓线。

①【最小长度】抽取的轮廓线的最小长度。

②【均匀细分】将抽取的轮廓线均匀划分。

③【抽取】根据分隔符生成轮廓线,生成的轮廓线如图7-7所示。

④【删除】删除生成的所有轮廓线。

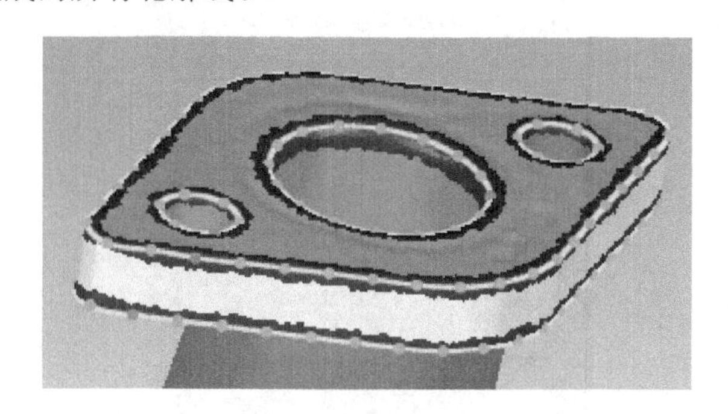

图7-7　生成轮廓线

(4)【显示】编辑框:显示相关选项内的内容,辅助操作人员对本命令的操作。

【仅轮廓线】:选中此选项框,视窗内只显示轮廓线。

【区域颜色】:相邻的两个闭合分隔符区域以不同的颜色显示以便于操作人员查看。

【曲率图】:选中此选项框,系统以不同颜色显示模型表面的曲率变化,颜色越深的部分曲率变化越大。

4. 编辑轮廓线

单击工具栏上的编辑轮廓线图标。在【操作】编辑框中,使用【绘制】命令将轮廓线拖动到合适位置;使用【松弛】命令平顺轮廓线。在【排查】编辑框,单击【检查问题】按钮,直至无问题后,单击【确定】按钮退出命令。编辑完成后的轮廓线如图 7-8 所示。

图 7-8　编辑轮廓线

提示:在【检查问题】中,会因为操作的不同出现各种不同的问题,大部分的问题可通过拖动轮廓线完成,其他问题可通过使用【帮助】文档解决。

主要操作命令说明——编辑轮廓线。

【编辑轮廓线】命令是对分隔符自动生成的轮廓线进行进一步的修改,该命令的操作目标是得到能够准确、完整地表达模型轮廓的线框。单击工具栏中的编辑轮廓线图标,系统会弹出如图 7-9 所示的【编辑轮廓线】对话框。

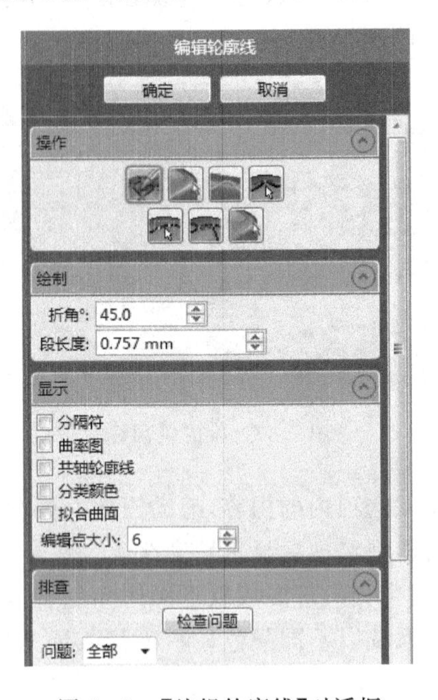

图 7-9　【编辑轮廓线】对话框

【编辑轮廓线】命令对话框分为 5 个部分,分别是【操作】、【绘制】、【显示】、【排查】和【高级操作】编辑框。

(1)【操作】编辑框：主要的命令操作区，对生成的轮廓线进行编辑。

①【绘制】：单击鼠标左键在模型表面进行手动绘制，或者进行拖动、删除等操作。

②【抽取】：在编辑轮廓线的命令下，同样可进行编辑分隔符操作，对重新编辑的分隔符进行抽取轮廓线操作。

③【松弛】：系统重新迭代计算符合分隔符的轮廓线，可重复单击获得理想的轮廓线【公差】执行松弛命令与原轮廓线之间的公差。

④【分裂/合并】：分裂或者合并两条交叉轮廓线。

⑤【细分】：重新细分轮廓线。

⑥【收缩】：收缩轮廓线。

⑦【修改分隔符】：重新对分隔符进行编辑、修改。

(2)【绘制】编辑框：对轮廓线进行绘制。

①【折角】：绘制轮廓线的折角。

②【段长度】：绘制轮廓线的段长度。

(3)【显示】编辑框：显示选项框的内容，以便于操作人员查看模型。

①【分隔符】：选中该选项，显示分隔符。

②【曲率图】：选中该选项，显示曲率图。系统以不同颜色显示模型表面的曲率变化，颜色越深的部分曲率变化越大。

③【共轴轮廓线】：显示轮廓线中共轴的部分。

④【分类颜色】：显示区域分类的不同颜色。

(4)【排查】编辑框：检查并显示轮廓线中存在的问题。

【检查问题】：检查轮廓线中的错误等问题。

(5)【高级操作】编辑框：设置撤销步骤的数目。

5. 区域分类

单击工具栏中的【区域分类】按钮，对系统自动探测后的曲面图(见图 7－10)进行手动重新分类：底座两个圆孔定义为圆柱面，弯管内外曲面定义为放样曲面，其他不变，如图 7－11 所示。

主要操作命令说明——区域分类。

【区域分类】命令是根据各个初级曲面的表面曲率变化情况对各初级曲面进行类型定义，以达到光顺和准确的拟合效果。

【自动探测】：系统根据初级曲面的曲率变化情况进行自动判断。

【自由形态】：设置选定的初级曲面类型为自由曲面。

【平面】：设置选定的初级曲面类型为平面。

【圆柱体】：设置选定的初级曲面类型为圆柱体。

【圆锥体】：设置选定的初级曲面类型为圆锥。

【球体】:设置选定的初级曲面类型为球。

【拉伸】:设置选定的初级曲面类型为拉伸。

【拔模伸展】:设置选定的初级曲面类型为拔模伸展。

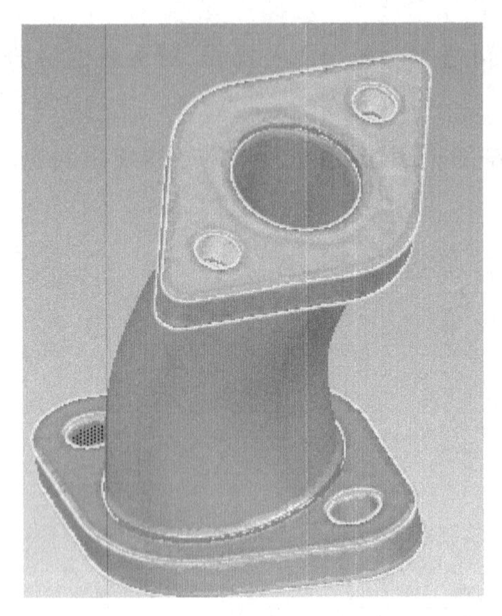

图 7-10　分类曲面

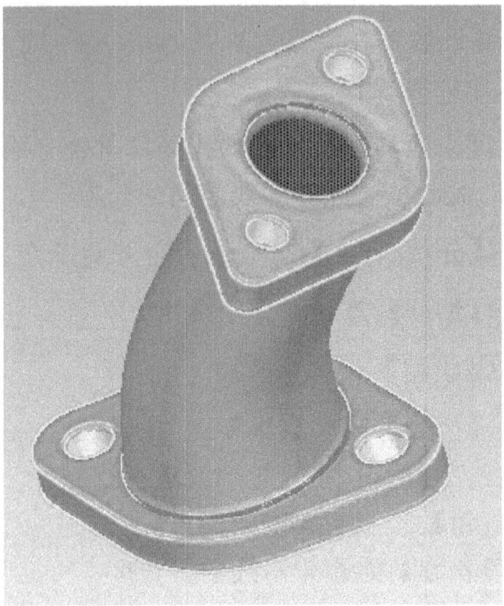

图 7-11　重新分类曲面

【旋转】:设置选定的初级曲面类型为旋转。

【扫掠】:设置选定的初级曲面类型为扫掠。

【放样】:设置选定的初级曲面类型为放样。

可使用【自动探测】命令对模型类型进行探测,也可手动对各初级曲面进行定义。

提示:使用【自动探测】可对曲面的类型进行自动判断,也可根据操作人员的经验进行人为判断。对于有争议的曲面定义,可根据对拟合后的偏差图判断更适合的曲面定义,即采用偏差较小的曲面类型。

6. 拟合曲面

单击工具栏【拟合曲面】按钮,弹出【拟合曲面】对话框。如图 7-12 所示。选中要拟合的曲面,单击【应用】图标,直至所有曲面全部拟合完成,单击【确定】退出对话框。如图 7-13 所示为拟合曲面图。

主要操作命令说明——拟合曲面。

【拟合曲面】命令是对分类并定义后的曲面进行拟合。

单击【拟合曲面】命令的图标,系统弹出的对话框如图 7-12 所示。

该命令对话框包含 3 个编辑框,分别是:【诊断】、【警告阈值】和【失败】编辑框。

(1)【诊断】编辑框:诊断拟合错误的曲面。

【错误标签】对拟合错误曲面用标签显示。

(2)【警告阈值】编辑框:设置警告参数。

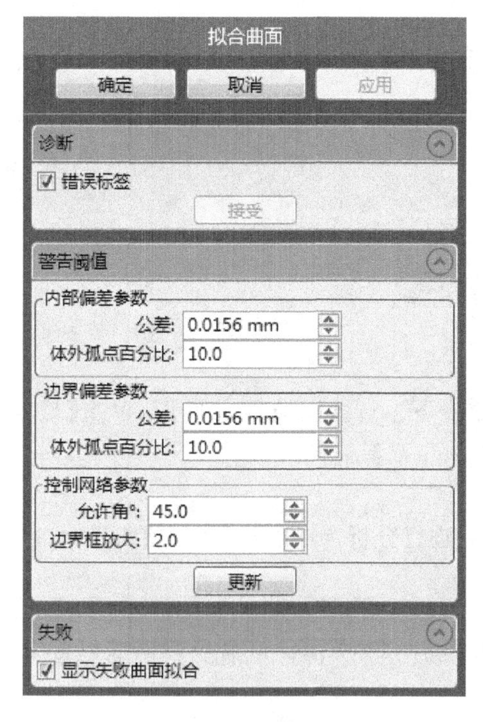

图 7－12 【拟合曲面】对话框

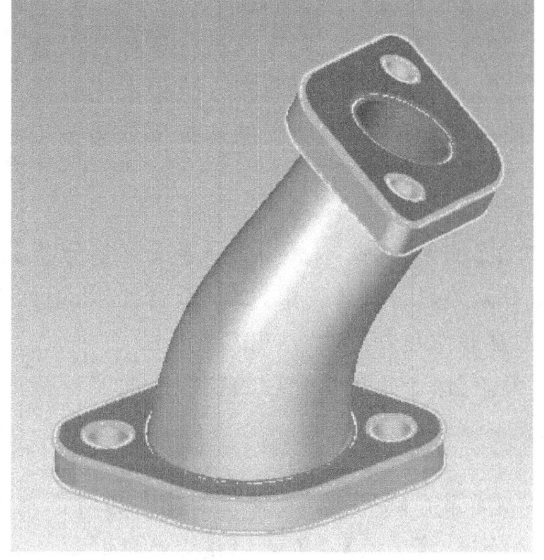

图 7－13 拟合曲面图

(3)【失败】编辑框:显示拟合失败的曲面。

7. 拟合连接

单击【拟合连接】按钮,进入【拟合连接】对话框。如图 7－14 所示。选择要拟合的连接,在【选择】编辑框中会自动显示此连接是属于哪种类型,单击【应用】图标,直至所有连接都拟合完成,单击【确定】按钮。如图 7－15 所示为拟合连接效果图。

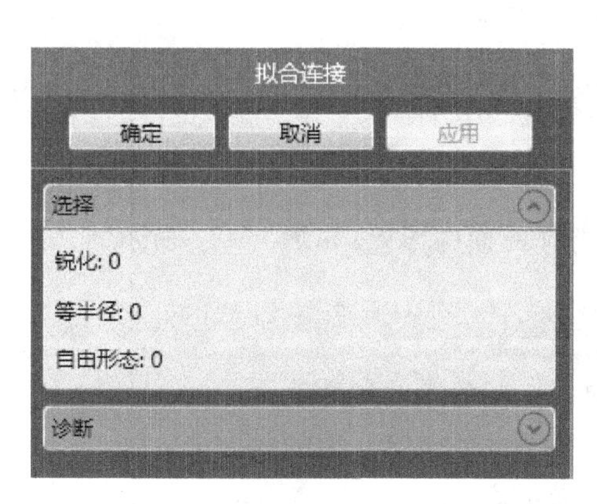

图 7－14 【拟合连接】对话框

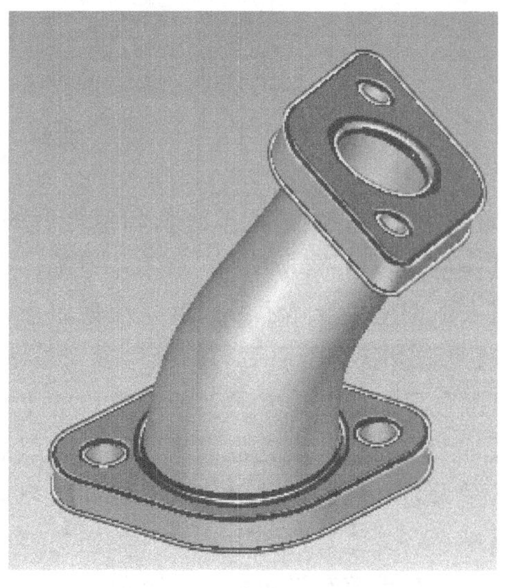

图 7－15 拟合连接效果图

主要操作命令说明——拟合连接。

【拟合连接】命令是对各初级曲面之间的连接部分(即延伸线所占区域)进行拟合。单击【拟合连接】按钮，系统弹出的对话框如图 7-14 所示。该命令对话框包含 2 个编辑框，分别是:【选择】和【诊断】编辑框。

(1)【选择】编辑框:对连接进行选择并拟合。

(2)【诊断】编辑框:诊断拟合错误的连接部分。

【错误标签】把拟合错误的连接部分用标签显示出来。

8. 偏差分析

单击【偏差】按钮，进入到【偏差分析】命令下。选择要查看的曲面，单击【确定】按钮，查看偏差是否符合要求，如不符合要求，返回上一步重新编辑。

主要操作命令说明——偏差。

【偏差】命令是对拟合后的初级曲面和连接部分进行分析，分析是否达到预期目标，以便于修改或重新拟合。

单击【偏差】按钮，该命令弹出的对话框如图 7-16 所示。该命令对话框包含 3 个编辑框，分别是:【显示】、【色谱】和【统计】编辑框。

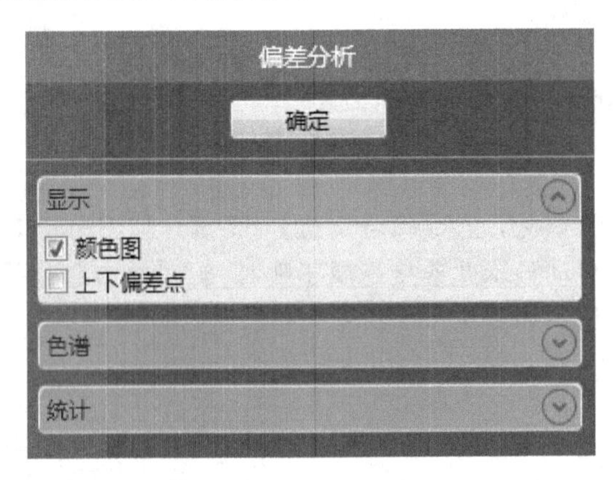

图 7-16　偏差

(1)【显示】编辑框:显示拟合前和拟合后的初级曲面的偏差。

①【颜色图】:用不同颜色显示偏差情况。

②【上下偏差点】:显示最大和最小偏差点。

(2)【色谱】编辑框:用不同的颜色段来显示选择曲面的偏差，如图 7-17 所示。

①【颜色段】:确定偏差显示的颜色段的个数。

②【最大临界值】:设定色谱所能显示偏差的最大值。

③【最大名义值】:色谱中从 0 开始向正方向第一段色谱的最大值。

④【最小名义值】:色谱中从 0 开始向负方向第一段色谱绝对值的最大值。

⑤【最小临界值】:设定色谱所能显示偏差的最小值。

⑥【小数位数】:确定偏差值的小数位数。

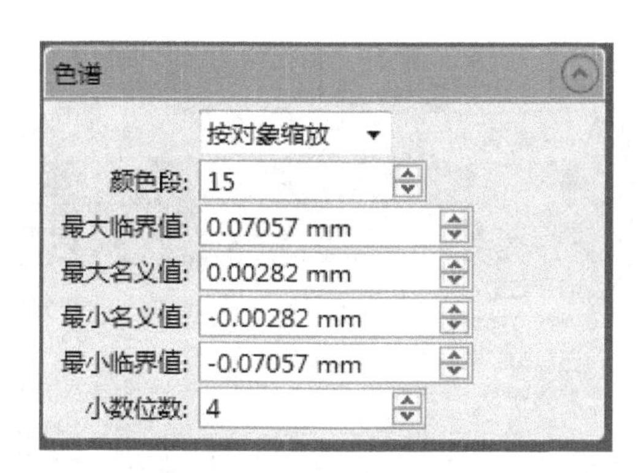

图 7－17　色谱

(3)【统计】编辑框:用于统计显示偏差信息,如图 7－18 所示。

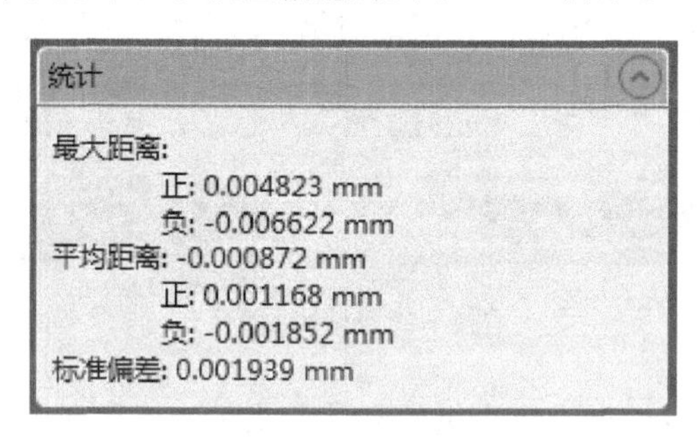

图 7－18　统计

①【最大距离】:显示正偏差和负偏差的最大距离。

②【平均距离】:显示正偏差和负偏差的平均距离。

③【标准偏差】:显示标准偏差值。

提示:单击【偏差】编辑框,可自动生成偏差图,也可根据操作人员的需要手动编辑偏差图。

9. 裁剪/缝合

单击【裁剪/缝合】按钮,进入到【裁剪/缝合】命令下。在【生成对象】编辑框,选择【缝合对象】,设置【最大三角形计数】为“200000”,单击【应用】→【确定】按钮。生成的曲面模型如图 7－19 所示。

图 7－19　曲面模型

主要操作命令说明——裁剪/缝合。

【裁剪/缝合】命令是对拟合后的初级曲面和连接部分进行修剪并缝合成为整体,可根据操作人员的要求输出多种生成对象。

单击【裁剪/缝合】按钮,弹出如图 7－20 所示的对话框。

如图 7－20 所示,该命令对话框包含两个编辑框,即【生成对象】和【选项】编辑框。

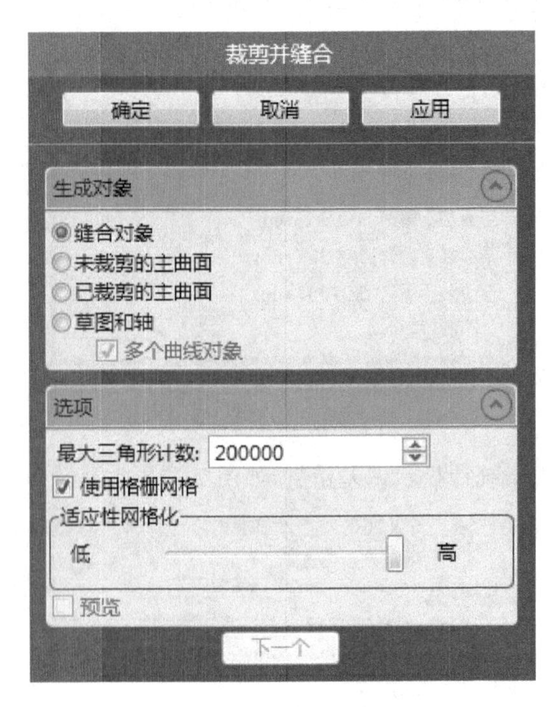

图 7-20　裁剪/缝合

(1)【生产对象】对话框：根据操作人员的需求分别输出多种对象。

①【缝合对象】：生成整体的缝合对象，包含已修剪初级曲面和连接曲面。

②【未修剪初级曲面】：生成未修剪状态的初级曲面。

③【已修剪初级曲面】：生成已修剪状态的初级曲面。

(2)【选项】编辑框：对缝合曲面设置相应参数。

①【最大三角形计数】：设置最大三角形的数目。

②【适应性网格化】：设置网格化适应性程度。

③【预览】：预览生成对象。

10. 保存曲面文件

在【管理器面板】中的【模型管理器】里，单击按钮，右击【保存】并选择相应的文件格式，将文件保存为“model 7-la”。

提示：IGS/IGES，STP/STEP 为国际通用格式，保存为以上格式可被其他 CAD 软件所接受。

本章小结

本章首先概括性地介绍了 GeomagicStudio 软件中参数曲面阶段，并对该阶段下的命令进行了详细的说明。通过对应用实例的讲解和处理技巧的说明，介绍了在应用案例中如何操作处理模型。通过本章的学习，读者可掌握使用参数曲面阶段下的相关命令处理模型，并生成相应的曲面文件。

思考题

1. 分隔符、轮廓线和延伸线三者之间有什么区别和联系？
2. 如何应对编辑轮廓线出现的错误？
3. 将区域分类成各种不同类型的依据是什么？
4. 如何应对拟合初级曲面时与点云数据出现较大偏差？

参考文献

[1] 王霄.逆向工程技术及应用[M].北京:化学工业出版社,2004.
[2] 陈雪芳,孙春华.逆向工程与快速成型技术应用[M].北京:机械工业出版社,2012.
[3] 金涛,童水光.逆向工程技术[M].北京:机械工业出版社,2003.
[4] 成思源,谢韶旺.Geomagic Studio 逆向工程技术及应用[M].北京:清华大学出版社,2010.